はじめに

　この本は「数学がちょっと苦手だな」あるいは「基礎から数学を学びたいな」と考えている人たちのために，中学数学の内容をできるだけやさしく，そして得意になるようにつくりました。そのため，数学が苦手な人でも無理なく効果的に学べるようにいろいろな工夫をしています。また，1・2年生の復習のページもあるので，これまで学んだことをもう一度確認しながら3年生の学習に入っていけるようにもなっています。

　単元ごとに，「まずココ！」で，覚えておくべき用語・公式・定理をまとめています。
　次に，「つぎココ！」で基本的な問題を書き込み式で解いていくことで，**覚えた公式や定理の使い方のコツがつかめる**ようにしています。わかりにくいところやまちがいやすいところはていねいに説明しているので，ここで解き方をしっかり覚えましょう。
　その後，「基本問題」を例題の解き方と同じように解いてみてください。このとき，途中の式もきちんと書く習慣をつけましょう。数学では，**問題を解いていく過程がとても**□□□□□□□□□□□□□ないので，無理なくできるはずです。

　「基本問題」を解□□□□□□□□□□□□□解き方と比べてみてください。解き方はくわしく書□□□□□□□□□□□□でどのようにまちがったのかをチェックしましょう。
　さらに，各章末の「確認テスト」で，自分の理解度を確認しましょう。
　この繰り返しで，必ずあなたの数学の問題を解く力はアップします。コツコツとていねいに，この本を最後までやりとげてください。

　また，単元ごとにのせてある「もう一歩」や，章末の「これでレベルアップ」のコーナーが，さらに実力をアップするのに，きっと役に立つはずです。

　さあ，いまのやる気を大切に数学の学習を始めましょう。この本があなたのよきパートナーとなりますように。

しくみと使い方

① 1回の単元の学習内容は2ページです。

覚えておきたい要点をまとめています。問題を解く前に確認しておきましょう。

例題を読んで、解き方の空いている所をうめていきましょう。

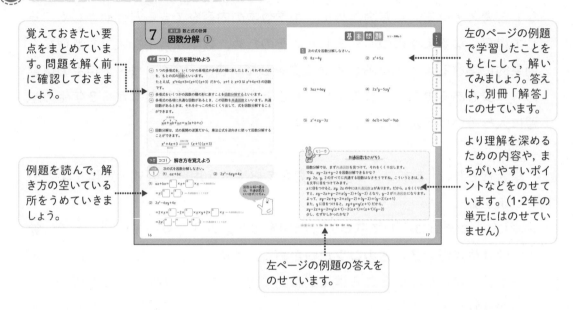

左のページの例題で学習したことをもとにして、解いてみましょう。答えは、別冊「解答」にのせています。

より理解を深めるための内容や、まちがいやすいポイントなどをのせています。（1・2年の単元にはのせていません）

左ページの例題の答えをのせています。

② 章末には、章の内容を理解したかどうか確かめるための「確認テスト」があります。

わからなかったり、まちがったときは、示されたページに戻って、もう一度確認しましょう。

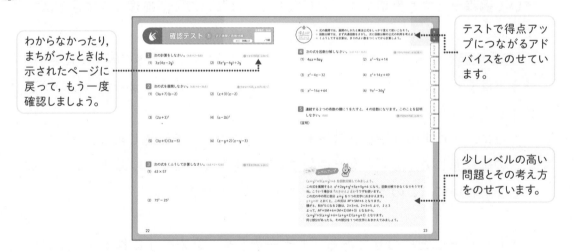

テストで得点アップにつながるアドバイスをのせています。

少しレベルの高い問題とその考え方をのせています。

③ 基本問題と確認テストの答えは別冊「解答」にのせています。

計算の過程や問題の解き方をくわしく解説しています。また、解き方のポイントやまちがいやすいことがらを「ここに注意！」として示しています。

目 次

正の数・負の数 1年

まず ココ！ 要点を確かめよう

→ 数直線上で，0からある数までの距離を，その数の絶対値といいます。正の数は絶対値が大きいほど大きく，負の数は絶対値が大きいほど小さくなります。

→ 同じ数を何個かかけたものを，その数の累乗といいます。負の数の累乗の符号は，指数が偶数のときは+，奇数のときは-になります。

$$(-2) \times (-2) = (-2)^2 = 4, \quad (-2) \times (-2) \times (-2) = (-2)^3 = -8$$

→ 除法は，逆数を使って，乗法になおすことができます。

→ 四則の混じった計算は，かっこの中・累乗→乗除→加減 の順に計算します。

つぎ ココ！ 解き方を覚えよう

例題 1 次の各組の数の大小を，不等号を使って小さい順に表しなさい。
(1) 5, -8, 0 　　　　(2) -7, 2, -4

(1) （負の数）< $\boxed{①}$ <（正の数）だから，

$\boxed{②}$ < $\boxed{③}$ < $\boxed{④}$

(2) 負の数は $\boxed{⑤}$ が大きいほど小さいから，

$\boxed{⑥}$ < $\boxed{⑦}$ < $\boxed{⑧}$

不等号は向きをそろえること。
小<中<大
大>中>小

例題 2 次の計算をしなさい。
(1) $\left(-\dfrac{4}{9}\right) \div \dfrac{5}{6} \times \dfrac{3}{4}$ 　　　(2) $8 \div 2 + (7-4) \times (-3)^2$

(1) $\left(-\dfrac{4}{9}\right) \div \dfrac{5}{6} \times \dfrac{3}{4} = \left(-\dfrac{4}{9}\right) \times \boxed{①} \times \dfrac{3}{4} = -\dfrac{4 \times 6 \times 3}{9 \times 5 \times 4} = -\boxed{②}$ ←約分する

逆数をかける

(2) $8 \div 2 + (7-4) \times (-3)^2 = \boxed{③} + 3 \times \boxed{④} = \boxed{③} + \boxed{⑤} = \boxed{⑥}$

基 本 問 題　解答⇒別冊p.2

1 次の問いに答えなさい。

(1) 次の各組の数の大小を，不等号を使って小さい順に表しなさい。

　① -2，-8，5　　　　　　② 7，-9，0

(2) 絶対値が5より小さい整数を，小さいほうから順にいいなさい。

2 次の計算をしなさい。

(1) $12 \div (4 - 3 \times 2)$　　　　　　(2) $\left(-\dfrac{3}{5}\right) \div \dfrac{6}{5} \times (-3)$

(3) $4 \times (-2)^2 + (-3^2)$　　　　　(4) $7 \times \{(-4)^2 - (5-8)\}$

3 右の表は，A〜Eの5人の数学の得点を，70点を基準にして，その差を正の数・負の数で表したものです。次の問いに答えなさい。

A	B	C	D	E
+7	−13	−8	+15	−11

(1) Bの得点を求めなさい。

(2) 5人の平均点を求めなさい。

例題の答　**1** ①0　②−8　③0　④5　⑤絶対値　⑥−7　⑦−4　⑧2　**2** ①$\dfrac{6}{5}$　②$\dfrac{2}{5}$　③4　④9　⑤27　⑥31

2 式の計算 ① 1・2年

まず ココ！ 要点を確かめよう

→ 文字式の加法・減法では，同類項をまとめます。

$$4(x+3y)-3(2x-y)=\underline{4x}+\underline{12y}-\underline{6x}+\underline{3y}$$
$$=(4-6)x+(12+3)y=-2x+15y$$

→ 単項式の乗除の混じった計算は，乗法だけの式になおして計算します。

$$9x^2y\underline{\div 3xy^2}\times 2y=9x^2y\times\frac{1}{3xy^2}\times 2y=\frac{9x^2y\times 2y}{3xy^2}=6x$$

逆数をかける

つぎ ココ！ 解き方を覚えよう

例題 1 次の計算をしなさい。

(1) $3(2x+y)-2(x-y)$

(2) $\dfrac{5x-2y}{4}-\dfrac{x+3y}{2}$

(1) $3(2x+y)-2(x-y)=6x+\boxed{①}\,y-2x+\boxed{②}\,y=\boxed{③}\,x+\boxed{④}\,y$

かっこの中の符号を変える

(2) $\dfrac{5x-2y}{4}-\dfrac{x+3y}{2}=\dfrac{5x-2y-\boxed{⑥}(x+3y)}{\boxed{⑤}}=\dfrac{5x-2y-\boxed{⑥}\,x-\boxed{⑦}\,y}{\boxed{⑤}}$

通分する

$=\dfrac{\boxed{⑧}\,x-\boxed{⑨}\,y}{\boxed{⑤}}$

例題 2 $\dfrac{1}{2}a^2b\div\left(-\dfrac{1}{3}ab^2\right)\times 4b$ を計算しなさい。

$$\frac{1}{2}a^2b\div\left(-\frac{1}{3}ab^2\right)\times 4b=\frac{1}{2}a^2b\times\left(\boxed{①}\right)\times 4b=-\frac{a^2b\times\boxed{③}\times 4b}{2\times\boxed{②}}$$

逆数をかける

$$=\boxed{④}\quad\text{←約分する}$$

基本問題

解答⇒別冊p.2

1 次の計算をしなさい。

(1) $(4x-3)+(-2x+1)$

(2) $3(5a-b)$

(3) $(10x-4y)\div2$

(4) $2(a+2b)-5(2a-b)$

(5) $\dfrac{1}{2}(6x-4y)-\dfrac{1}{3}(9x+6y)$

(6) $\dfrac{2x+3y}{2}-\dfrac{x-6y}{3}$

2 次の計算をしなさい。

(1) $(-6x)\times5xy$

(2) $10ab\div5b$

(3) $2xy^2\times3x\div6y^2$

(4) $\dfrac{1}{3}ab^2\div\left(-\dfrac{2}{3}a^2b\right)\times4a^2$

第2章

第3章

第4章

第5章

第6章

第7章

第8章

例題 の 答 **1** ①3 ②2 ③4 ④5 ⑤4 ⑥2 ⑦6 ⑧3 ⑨8 **2** ①$-\dfrac{3}{ab^2}$ ②ab^2 ③3 ④$-6a$

式の計算 ② 1・2年

まず ココ！ 要点を確かめよう

➡ 式の中の文字に数をあてはめることを**代入する**といい，代入して計算した結果を，その**式の値**といいます。

➡ 偶数を $2m$，奇数を $2n+1$，5の倍数を $5n$ のように，数を文字を用いた式で表すことによって，一般的な数の性質を**式で説明**することができます。

➡ 等式の性質を使って，指定された文字だけが左辺にくるように変形することを，その**文字について解く**といいます。（等式の変形）

つぎ ココ！ 解き方を覚えよう

例題 1

$x=3$，$y=-2$ のとき，$24xy^2 \div (-8y)$ の値を求めなさい。

式を簡単にすると，$24xy^2 \div (-8y) = -\boxed{①}xy$

$x=\boxed{②}$，$y=\boxed{③}$ を代入して，$-\boxed{①} \times \boxed{②} \times (\boxed{③}) = \boxed{④}$

└ 負の数はかっこをつけて代入する

例題 2

2つの奇数の和は偶数になることを，文字を使って説明しなさい。

（説明） m，n を整数とすると，2つの奇数は $2m+1$，$2n+\boxed{①}$ と表される。

その和は，$(2m+1)+(2n+\boxed{①})=2m+2n+\boxed{②}=2(m+n+\boxed{③})$

$m+n+\boxed{③}$ は整数だから，その2倍は $\boxed{④}$ である。

よって，2つの奇数の和は偶数になる。

例題 3

等式 $\ell=2(a+b)$ を a について解きなさい。

左辺と右辺を入れかえて，$2(a+b)=\ell$ 両辺を $\boxed{①}$ でわって，$a+b=\dfrac{\ell}{\boxed{①}}$

$\boxed{②}$ を移項して，$a=\dfrac{\ell}{\boxed{①}}-\boxed{②}$

基 本 問 題　解答⇒別冊p.2

1 $a=-2$, $b=3$ のとき，次の式の値を求めなさい。

(1) $3a-5b$

(2) $2(4a-3b)-4(a+2b)$

2 8，10，12 の和は 30 で，6 の倍数になります。このように，3 つの連続した偶数の和は 6 の倍数になります。このわけを，文字を使って，次のように説明しました。□□ にあてはまる数や言葉を入れなさい。

（説明）　n を整数とすると，3 つの連続した偶数は $2n$，$2n+\boxed{}$，$2n+\boxed{}$ と表される。

3 つの連続した偶数の和は，

$$2n+(2n+\boxed{})+(2n+\boxed{})=6n+\boxed{}=6(n+\boxed{})$$

$n+\boxed{}$ は整数だから，$6(n+\boxed{})$ は 6 の $\boxed{}$ である。

よって，3 つの連続した偶数の和は 6 の倍数になる。

3 次の等式を〔　〕内の文字について解きなさい。

(1) $2a+5b=12$ 〔a〕

(2) $m=\dfrac{a+b}{2}$ 〔b〕

例 題 の 答　**1** ①3 ②3 ③−2 ④18　**2** ①1 ②2 ③1 ④偶数　**3** ①2 ②b

4 式の展開

まず ココ！ 要点を確かめよう

➡ 単項式や多項式の積の形の式を，かっこをはずして単項式の和の形に表すことを，もとの式を展開するといいます。

➡ 単項式×多項式，多項式×単項式 の計算は，分配法則を使って計算します。

$$a(b+c)=ab+ac \qquad (a+b)c=ac+bc$$

➡ 多項式÷単項式 の計算は，逆数を使ってかけ算になおして計算します。

$$(a+b)÷c=(a+b)×\frac{1}{c}=a×\frac{1}{c}+b×\frac{1}{c}=\frac{a}{c}+\frac{b}{c}$$

➡ 多項式×多項式 の計算は，分配法則を2回使って計算します。

$$(a+b)(c+d)=ac+ad+bc+bd$$

つぎ ココ！ 解き方を覚えよう

 例題1

次の計算をしなさい。

(1) $5x(3x+2y)$ (2) $(9x^2-6x)÷3x$

(1) $5x(3x+2y)=5x×\boxed{①}+5x×\boxed{②}=\boxed{③}+\boxed{④}$

(2) $(9x^2-6x)÷3x=(9x^2-6x)×\boxed{⑤}=\dfrac{9x^2}{\boxed{⑥}}-\dfrac{6x}{\boxed{⑥}}=\boxed{⑦}-\boxed{⑧}$

    ———— 逆数をかける ————

 例題2

次の式を展開しなさい。

(1) $(x-5)(y+3)$ (2) $(3a+2)(a-4)$

(1) $(x-5)(y+3)=xy+\boxed{①}-\boxed{②}-15$

(2) $(3a+2)(a-4)=3a^2-\boxed{③}+\boxed{④}-8=3a^2-\boxed{⑤}-8$

    ———— 同類項をまとめる ————

10

基本問題　解答⇒別冊p.2

1 次の計算をしなさい。

(1) $4a(3a+7b)$

(2) $(6x-4y)\times(-3y)$

(3) $3a(-2a+8b-9)$

(4) $(6a^2-3ab)\div\left(-\dfrac{3}{4}a\right)$

2 次の式を展開しなさい。

(1) $(x+6)(y+7)$

(2) $(a+8)(b-3)$

(3) $(3x-5)(4x-1)$

(4) $(2a+b)(3a-4b)$

もう一歩

項の数が5つ以上の式の展開

$(a+2)(a+3b-4)$ のような，項の数が5つある式の展開は，次のように分配法則を2回使って計算します。

$$(a+2)(a+3b-4)=a^2+3ab-4a+2a+6b-8$$
$$=a^2+3ab-2a+6b-8$$

同類項をまとめる

例題の答　**1** ①$3x$ ②$2y$ ③$15x^2$ ④$10xy$ ⑤$\dfrac{1}{3x}$ ⑥$3x$ ⑦$3x$ ⑧$2$ **2** ①$3x$ ②$5y$ ③$12a$ ④$2a$ ⑤$10a$

乗法公式 ①

まず ココ！ 要点を確かめよう

→ 式を展開するとき，次の**乗法公式**を使うと，式の展開をはやくすることができます。必ず覚えておきましょう。

① 1次式の積の公式　　和(xの係数)
$$(x+a)(x+b)=x^2+(a+b)x+ab$$
　　　　　　　　　　　積(数の項)

② 和の平方の公式　　2倍(xの係数)
$$(x+a)^2=x^2+2ax+a^2$$
　　　　　　　　　　2乗(数の項)

③ 差の平方の公式　　2倍(xの係数)
$$(x-a)^2=x^2-2ax+a^2$$
　　　　　　　　　　2乗(数の項)

つぎ ココ！ 解き方を覚えよう

例題 1

次の式を展開しなさい。
(1)　$(x+5)(x-3)$　　　　　(2)　$(x-8)(x+4)$

1次式の積の公式を使って，式を展開します。

(1)　$(x+5)(x-3)=x^2+\{\boxed{①}+(\boxed{②})\}x+\boxed{①}\times(\boxed{②})$ ← 公式に $a=5$, $b=-3$ を代入する

$=x^2+\boxed{③}x-\boxed{④}$

(2)　$(x-8)(x+4)=x^2+\{(\boxed{⑤})+\boxed{⑥}\}x+(\boxed{⑤})\times\boxed{⑥}$ ← 公式に $a=-8$, $b=4$ を代入する

$=x^2-\boxed{⑦}x-\boxed{⑧}$

例題 2

次の式を展開しなさい。
(1)　$(x+6)^2$　　　　　　　　(2)　$(x-9)^2$

(1)は和の平方の公式，(2)は差の平方の公式を使って，式を展開します。

(1)　$(x+6)^2=x^2+2\times\boxed{①}\times x+\boxed{①}^2=x^2+\boxed{②}x+\boxed{③}$ ← 公式に $a=6$ を代入する

(2)　$(x-9)^2=x^2-2\times\boxed{④}\times x+\boxed{④}^2=x^2-\boxed{⑤}x+\boxed{⑥}$ ← 公式に $a=9$ を代入する

解答⇒別冊p.3

基本問題

1 次の式を展開しなさい。

(1) $(x+6)(x+7)$

(2) $(a+9)(a-3)$

(3) $(x-4)(x+5)$

(4) $\left(y-\dfrac{1}{3}\right)\left(y-\dfrac{2}{3}\right)$

2 次の式を展開しなさい。

(1) $(x+8)^2$

(2) $(a-7)^2$

(3) $\left(y+\dfrac{1}{2}\right)^2$

(4) $(4-x)^2$

もう一歩

3つの乗法公式の関係

乗法公式を3つ学びましたが，3つの公式の関係を調べてみましょう。

$$(x+a)(x+b) \xrightarrow{\ b\text{を}a\text{に変える}\ } (x+a)^2 \xrightarrow{\ +a\text{を}-a\text{に変える}\ } (x-a)^2$$

上のように，それぞれの公式はおたがいに関連していることがわかりますね。
ある公式を忘れても，1つの公式を覚えておくと，ほかの公式を導くことが
できるのです。

例題の答 **1** ①5 ②-3 ③2 ④15 ⑤-8 ⑥4 ⑦4 ⑧32 **2** ①6 ②12 ③36 ④9 ⑤18 ⑥81

6 乗法公式 ②

まず コロ! 要点を確かめよう

➡ 乗法公式は全部で4つあります。次の公式も必ず覚えておきましょう。

④ 和と差の積の公式 $(x+a)(x-a)=x^2-a^2$

（2乗／差／2乗）

➡ 式の中の同じ部分を1つの文字とみたり，1つの文字に**おきかえる**と，乗法公式を使って式を展開することができます。このとき，おきかえた式は必ずもとにもどすことを忘れないようにしましょう。

$(2x+1)^2$ で，$2x$ を1つの文字とみると，$(2x)^2+2\times1\times2x+1^2$ となります。
$(a+b+3)(a+b-1)$ で，$a+b=M$ とおくと，$(M+3)(M-1)$ となります。

つぎ コロ! 解き方を覚えよう

例題 1 次の式を展開しなさい。
(1) $(x+8)(x-8)$　　(2) $(4+a)(4-a)$

和と差の積の公式を使って，式を展開します。

(1) $(x+8)(x-8)=\boxed{①}^2-8^2=\boxed{②}-\boxed{③}$ ←公式に $a=8$ を代入する

(2) $(4+a)(4-a)=4^2-\boxed{④}^2=\boxed{⑤}-\boxed{⑥}$ ←（数＋文字）（数－文字）でも，公式は使える

例題 2 次の式を展開しなさい。
(1) $(4x+2y)^2$　　(2) $(x+y-4)(x+y+4)$

(1) $(4x+2y)^2=(\boxed{①})^2+2\times2y\times4x+(\boxed{②})^2$ ←$4x$, $2y$ をそれぞれ1つの文字とみる

$=\boxed{③}+16xy+\boxed{④}$

(2) $x+y=M$ とおくと，←式の中の同じ部分を1つの文字におきかえる

$(x+y-4)(x+y+4)=(\boxed{⑤}-4)(\boxed{⑤}+4)=\boxed{⑤}^2-4^2$ ←和と差の積の公式

$=(\boxed{⑥})^2-16=\boxed{⑦}+\boxed{⑧}+\boxed{⑨}-16$

もとにもどす

1 次の式を展開しなさい。

(1) $(x+3)(x-3)$

(2) $(a+5)(a-5)$

(3) $(7-x)(7+x)$

(4) $\left(y+\dfrac{1}{6}\right)\left(y-\dfrac{1}{6}\right)$

2 次の式を展開しなさい。

(1) $(3x-2y)^2$

(2) $(2a+3b)(2a-5b)$

(3) $(x+y+2)(x+y+4)$

(4) $(a-b+3)(a-b-2)$

もう一歩

乗法公式を面積図で表すと？

4つの乗法公式を面積図で表してみると，次の図のようになります。

① $(x+a)(x+b)$　② $(x+a)^2$　③ $(x-a)^2$　④ $(x+a)(x-a)$

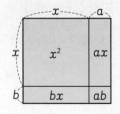 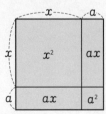 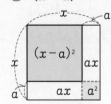 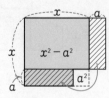

このように，式を図で表すと，式の意味がわかりやすくなりますね。

因数分解 ①

まず ココ！ 要点を確かめよう

→ 1つの多項式を，いくつかの単項式や多項式の積に表したとき，それぞれの式を，もとの式の 因数 といいます。

たとえば，$x^2+4x+3=(x+1)(x+3)$ だから，$x+1$ と $x+3$ は x^2+4x+3 の因数です。

→ 多項式をいくつかの因数の積の形に表すことを 因数分解する といいます。

→ 多項式の各項に共通な因数があるとき，この因数を 共通因数 といいます。共通因数があるときは，それをかっこの外にくくり出して，式を因数分解することができます。

$$\overset{\text{共通因数}}{ma+mb+mc}=m(a+b+c)$$

→ 因数分解は，式の展開の逆算だから，乗法公式を逆向きに使って因数分解することができます。

$$\underset{\text{和の形}}{x^2+4x+3} \overset{\text{因数分解}}{\underset{\text{展開}}{\rightleftarrows}} \underset{\text{積の形}}{(x+1)(x+3)}$$

つぎ ココ！ 解き方を覚えよう

例題 1 次の式を因数分解しなさい。

(1) $ax+bx$　　　　(2) $2x^2-6xy+4x$

(1) $ax+bx=\boxed{①}\times \underline{x}+\boxed{②}\times \underline{x}$ ←共通因数は x

$=\underline{x}\left(\boxed{①}+\boxed{②}\right)$ ←共通因数をくくり出す

> 因数分解の基本は，共通因数をくくり出すことだよ。

(2) $2x^2-6xy+4x$

$=2\times \underline{x}\times\boxed{③}-2\times\boxed{④}\times \underline{x}\times y+2\times\boxed{⑤}\times \underline{x}$ ←共通因数は2と x

$=\underline{2x}\left(\boxed{③}-\boxed{⑥}+\boxed{⑤}\right)$ ←共通因数をくくり出す

基本問題 解答⇒別冊p.3

1 次の式を因数分解しなさい。

(1) $8x-4y$

(2) x^2+5x

(3) $3ax+6ay$

(4) $2x^2y-5xy^2$

(5) $x^2+xy-3x$

(6) $6a^2b+3ab^2-9ab$

もう一歩

共通因数をさがそう

因数分解では，まず共通因数を見つけて，それをくくり出します。

では，$xy-2x+y-2$ を因数分解できるかな？

$xy,\ 2x,\ y,\ 2$ のすべてに共通する因数はなさそうですね。こういうときは，ある文字に目をつけてみます。

x に目をつけると，$xy,\ 2x$ の中には共通因数 x があります。だから，x をくくり出すと，$xy-2x+y-2=x(y-2)+(y-2)$ となり，$y-2$ が共通因数になります。

よって，$xy-2x+y-2=x(y-2)+(y-2)=(y-2)(x+1)$

また，y に目をつけると，$xy+y=y(x+1)$ だから，

$xy-2x+y-2=y(x+1)-2(x+1)=(x+1)(y-2)$

少し，むずかしかったかな？

例題の答 **1** ①a ②b ③x ④3 ⑤2 ⑥$3y$

8 因数分解 ②

 まず ココ！ 要点を確かめよう

➡️ 因数分解の公式は乗法公式の逆で，次の4つあります。必ず，覚えましょう。

① $x^2+(a+b)x+ab=(x+a)(x+b)$

積が { 正→2数は同符号（＋と＋，−と−）
       負→2数は異符号（＋と−）

② $x^2+2ax+a^2=(x+a)^2$

③ $x^2-2ax+a^2=(x-a)^2$

④ $x^2-a^2=(x+a)(x-a)$

 つぎ ココ！ 解き方を覚えよう

例題 1 次の式を因数分解しなさい。
(1) $x^2+7x+10$ (2) $x^2-4x-12$

(1) 積が正だから，2数は同符号になります。積が10，和が7になる2数は，

$2\times\boxed{①}=10$, $2+\boxed{①}=7$ より，2と$\boxed{①}$になります。

よって，$x^2+7x+10=(x+2)(x+\boxed{①})$ ←公式①で，$a=2$, $b=5$ のとき

(2) 積が負だから，2数は異符号になります。積が−12，和が−4になる2数は，

$(-6)\times\boxed{②}=-12$, $(-6)+\boxed{②}=-4$ より，−6と$\boxed{②}$になります。

よって，$x^2-4x-12=(x-6)(x+\boxed{②})$ ←公式①で，$a=-6$, $b=2$ のとき

例題 2 次の式を因数分解しなさい。
(1) x^2+6x+9 (2) $x^2-8x+16$ (3) x^2-49

(1) $x^2+6x+9=x^2+2\times\boxed{①}\times x+\boxed{①}^2=(x+\boxed{①})^2$ ←公式②で，$a=3$ のとき

(2) $x^2-8x+16=x^2-2\times\boxed{②}\times x+\boxed{②}^2=(x-\boxed{②})^2$ ←公式③で，$a=4$ のとき

(3) $x^2-49=x^2-\underset{\text{平方の差}}{\underline{\boxed{③}}}^2=(x+\boxed{③})(x-\boxed{③})$ ←公式④で，$a=7$ のとき

1 次の式を因数分解しなさい。

(1)　$x^2+10x+9$

(2)　$x^2+3x-10$

(3)　x^2-7x-8

(4)　$a^2-16a+28$

2 次の式を因数分解しなさい。

(1)　$x^2+12x+36$

(2)　$x^2-10x+25$

(3)　x^2-81

(4)　$4a^2-9b^2$

もう一歩

因数分解の基本は？

因数分解の公式を使えないようにみえる式も，次のように，共通因数をくくり出すと，公式が使える式になります。

- $3x^2+3x-6=3(x^2+x-2)=3(x+2)(x-1)$　←共通因数3をくくり出し，公式①を利用する
- $4x^2+8x+4=4(x^2+2x+1)=4(x+1)^2$　←共通因数4をくくり出し，公式②を利用する
- $2x^2-8x+8=2(x^2-4x+4)=2(x-2)^2$　←共通因数2をくくり出し，公式③を利用する
- $6x^2-54=6(x^2-9)=6(x+3)(x-3)$　←共通因数6をくくり出し，公式④を利用する

因数分解の公式を覚えるのは大切ですが，基本は「共通因数をくくり出す」ことです。

例 題 の 答　**1** ①5　②2　**2** ①3　②4　③7

9 式の計算の利用

まず ココ！ 要点を確かめよう

→ 乗法公式や因数分解の公式を使うと，数の計算を簡単にすることができたり，数の性質を調べることができます。

つぎ ココ！ 解き方を覚えよう

例題 1

次の式をくふうして計算しなさい。

(1) 103^2 (2) 41×39 (3) $56^2 - 44^2$

(1)，(2)は乗法公式，(3)は因数分解の公式を使って計算します。

(1) $103^2 = (100 + \boxed{①})^2 = 100^2 + 2 \times \boxed{①} \times 100 + \boxed{①}^2$

　　　　　　　　↑ $(x+a)^2 = x^2 + 2ax + a^2$

　　$= 10000 + \boxed{②} + \boxed{③} = \boxed{④}$

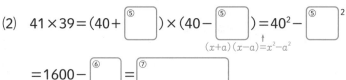

公式を使うと，簡単にできるね。

(2) $41 \times 39 = (40 + \boxed{⑤}) \times (40 - \boxed{⑤}) = 40^2 - \boxed{⑤}^2$

　　　　　　　　　　　　　↑ $(x+a)(x-a) = x^2 - a^2$

　　$= 1600 - \boxed{⑥} = \boxed{⑦}$

(3) $56^2 - 44^2 = (56 + \boxed{⑧}) \times (56 - \boxed{⑧}) = 100 \times \boxed{⑨} = \boxed{⑩}$

　↑ $x^2 - a^2 = (x+a)(x-a)$

例題 2

連続する2つの整数では，大きい数の2乗から小さい数の2乗をひいたときの差は，奇数になります。このことを証明しなさい。

（証明）　連続する2つの整数を n，$\boxed{①}$ とすると，

小さい数の2乗は n^2，大きい数の2乗は $(\boxed{①})^2$ と表されるから，

大きい数の2乗から小さい数の2乗をひいた差は，

$(\boxed{①})^2 - n^2 = \boxed{②} - n^2 = \boxed{③}$

よって，$2n$ は偶数だから，$\boxed{③}$ は奇数である。

1 次の式をくふうして計算しなさい。

(1)　102^2

(2)　94^2

(3)　78×82

(4)　$58^2 - 42^2$

2 連続する2つの偶数の積に1をたした数は，奇数の2乗になります。このことを証明します。◯にあてはまる式を入れなさい。

（証明）　連続する2つの偶数は，整数 n を使って，$2n$，[　　　　]と表される。

それらの積に1をたした数は，

$$2n(\boxed{}) + 1 = \boxed{} + \boxed{} + 1 = (\boxed{} + 1)^2$$

よって，$2n + 1$ は奇数だから，連続する2つの偶数の積に1をたした数は奇数の2乗になる。

もう一歩

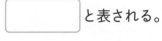
式の値はくふうして求めよう

「$x = 57$，$y = 27$ のとき，$x^2 - 2xy + y^2$ の値を求めなさい。」という問題では，式に x，y の値を代入すると，$57^2 - 2 \times 57 \times 27 + 27^2$ となって，これからの計算がめんどうになりそうですね。こうしたときに，公式の利用を考えましょう。因数分解の公式を使うと，$x^2 - 2xy + y^2 = (x - y)^2$ となるので，この式に x, y の値を代入すると，$(57 - 27)^2$ となり，$30^2 = 900$ と，とても簡単な計算になります。式の展開や因数分解を利用すると，数の計算を簡単にすることができるのです。

確認テスト ① 式の展開と因数分解

解答 ⇒ 別冊p.4

/ 100

1 次の計算をしなさい。(4点×2＝8点)

⊖ できなければ，p.10 へ

(1) $3x(4x-2y)$

(2) $(8x^2y-6y)\div 2y$

2 次の式を展開しなさい。(6点×6＝36点)

⊖ できなければ，p.10,12,14 へ

(1) $(3a+7)(b-2)$

(2) $(x+3)(x-2)$

(3) $(2x+3)^2$

(4) $(a-2b)^2$

(5) $(3x+5)(3x-5)$

(6) $(x-y+2)(x-y-3)$

3 次の式をくふうして計算しなさい。(6点×2＝12点)

⊖ できなければ，p.20 へ

(1) 63×57

(2) 75^2-25^2

4 次の式を因数分解しなさい。(6点×6＝36点)　　　　　➔ できなければ, p.16,18 へ

(1)　$4ax+8ay$

(2)　$x^2-9x+14$

(3)　$x^2-4x-32$

(4)　$x^2+14x+49$

(5)　$x^2-16x+64$

(6)　$9x^2-36y^2$

5 連続する2つの奇数の積に1をたすと，4の倍数になります。このことを証明しなさい。(8点)　　　　　➔ できなければ, p.20 へ

(証明)

これで

$(x+y)^2+5(x+y)+6$ を因数分解してみましょう。

この式を展開すると $x^2+2xy+y^2+5x+5y+6$ になり，因数分解できなくなりそうですね。こういう場合は「おきかえ」というワザを使います。

この式の中の同じ部分 $x+y$ を1つの文字におきかえます。

$x+y=M$ とおくと，この式は M^2+5M+6 となります。

積が6，和が5になる2数は，$2×3=6$，$2+3=5$ より，2と3

よって，$M^2+5M+6=(M+2)(M+3)$ となるから，

$(x+y)^2+5(x+y)+6=(x+y+2)(x+y+3)$ となります。

同じ部分があったら，その部分を1つの文字におきかえてみましょう。

第2章 平方根

平方根とその大小

まず ココ！ 要点を確かめよう

➡ 2乗すると a になる数を, a の平方根といいます。

➡ 正の数の平方根は正・負の2つあり, 絶対値は等しくなります。

➡ 正の数 a の平方根のうち, 正のほうを $\sqrt{a}$, 負のほうを $-\sqrt{a}$ と書きます。記号 $\sqrt{}$ を根号といい, ルートと読みます。

➡ a, b が正の数で, $a<b$ ならば, $\sqrt{a}<\sqrt{b}$ が成り立ちます。

つぎ ココ！ 解き方を覚えよう

例題 1 次の数の平方根を求めなさい。
(1) 25 (2) 7

(1) 2乗すると25になる数だから, $\boxed{①}^2=25$, $(\boxed{②})^2=25$

より, $\boxed{①}$ と $\boxed{②}$ まとめて表すと, $\pm\boxed{③}$

└─正の数 └─負の数

$\left(\begin{array}{c}\sqrt{a}\\-\sqrt{a}\end{array}\right) \xrightarrow[\text{平方根}]{\text{2乗(平方)}} a$ だね。

(2) 2乗すると7になる数は $\sqrt{}$ を使わないと表せないので,

$\boxed{④}$ と $\boxed{⑤}$ まとめて表すと, $\pm\boxed{⑥}$

└─正の数 └─負の数

例題 2 次の数を根号を使わずに表しなさい。
(1) $\sqrt{16}$ (2) $-\sqrt{36}$

(1) $\sqrt{16}$ は 16 の平方根のうち, $\boxed{①}$ のほうだから, $\boxed{②}$ ←16の平方根は±4

(2) $-\sqrt{36}$ は 36 の平方根のうち, $\boxed{③}$ のほうだから, $\boxed{④}$ ←36の平方根は±6

例題 3 次の各組の数の大小を, 不等号を使って表しなさい。
(1) $\sqrt{12}$, $\sqrt{15}$ (2) 3, $\sqrt{8}$

(1) $\sqrt{}$ の中の数を比べると, $12\boxed{①}15$ だから, $\sqrt{12}\boxed{②}\sqrt{15}$

└─不等号 └─不等号

(2) 3 を $\sqrt{}$ を使って表すと, $3=\sqrt{\boxed{③}}$ $9\boxed{④}8$ だから, $3\boxed{⑤}\sqrt{8}$

└─不等号 └─不等号

第1章

第2章

第3章

第4章

第5章

第6章

第7章

第8章

基本問題

解答⇒別冊p.4

1 次の数の平方根を求めなさい。

(1) 64　　　(2) 0.16　　　(3) 6　　　(4) $\dfrac{4}{9}$

2 次の数を根号を使わずに表しなさい。

(1) $\sqrt{49}$　　　(2) $\sqrt{\dfrac{9}{16}}$　　　(3) $-\sqrt{9}$　　　(4) $\sqrt{(-5)^2}$

3 次の数を求めなさい。

(1) $(\sqrt{8})^2$　　　(2) $(-\sqrt{14})^2$　　　(3) $(\sqrt{36})^2$

4 次の各組の数の大小を，不等号を使って表しなさい。

(1) $-\sqrt{17}$, $-\sqrt{19}$　　　(2) 2, 3, $\sqrt{7}$

もう一歩

$\sqrt{3^2}=3$ だから，$\sqrt{(-3)^2}=-3$?

a が正の数のとき，$\sqrt{a^2}=a$ となるから，$\sqrt{3^2}=\sqrt{9}=3$ となります。
では，a が負の数のときはどうなるのでしょう。
$(-3)^2=9$ だから，$\sqrt{(-3)^2}=\sqrt{9}=3$ になります。
$\sqrt{a}$ は a の平方根のうち，正のほうを表すから，$\sqrt{a}$ が負の数を表すことはありません。$-\sqrt{a}$ が負の数を表すのです。

例題の答 **1** ①5 ②−5 ③5 ④$\sqrt{7}$ ⑤$-\sqrt{7}$ ⑥$\sqrt{7}$ **2** ①正 ②4 ③負 ④−6 **3** ①< ②< ③9 ④> ⑤>

第2章 平方根

有理数と無理数，近似値と有効数字

まず ココ！ 要点を確かめよう

➡ a を整数，b を 0 でない整数とするとき，$\dfrac{a}{b}$ のように分数の形で表すことができる数を**有理数**といい，有理数でない数を**無理数**といいます。

➡ 真の値に近い値のことを**近似値**といい，近似値と真の値の差を**誤差**といいます。近似値を表す数字で，信頼できる数字を**有効数字**といいます。有効数字は，$a \times 10^n$ または $a \times \dfrac{1}{10^n}$ （ただし，$1 \leqq a < 10$）で表します。

つぎ ココ！ 解き方を覚えよう

例題 1

次の数のうち，有理数はどれですか。無理数はどれですか。

$$\sqrt{5}, \quad \sqrt{\dfrac{4}{9}}, \quad -\sqrt{4}, \quad \sqrt{10}, \quad \sqrt{0.49}$$

分数の形に表せるかどうかを確かめます。分数の形になれば，有理数です。

$-\sqrt{4} = -\sqrt{2^2} = -2,$

$\sqrt{0.49} = \sqrt{\boxed{}^2} = \boxed{②}$ だから，

有理数は $\boxed{③}$, $-\sqrt{4}$, $\boxed{④}$, 無理数は $\boxed{⑤}$, $\boxed{⑥}$

例題 2

ある物の重さを測定し，10 g 未満を四捨五入して測定値 150 g を得ました。真の値 a g の範囲を，不等号を使って表しなさい。

 の位を四捨五入して 150 になる値の範囲を求めます。

よって，$\boxed{②} \leqq a < \boxed{③}$

第1章

第2章

第3章

第4章

第5章

第6章

第7章

第8章

1 次の数のうち，有理数はどれですか。無理数はどれですか。

$$\sqrt{7}, \ \sqrt{0.64}, \ \sqrt{\dfrac{9}{16}}, \ -\sqrt{3}, \ \pi$$

2 下の数直線上の点A，B，C，D，Eは，次の数のどれかと対応しています。
これらの点に対応する数をそれぞれ答えなさい。

$$-1.5, \ \dfrac{2}{5}, \ \sqrt{8}, \ -\sqrt{9}, \ \sqrt{3}$$

```
        A       B       C     D     E
  ──┼──┼──┼──┼──┼──┼──┼──┼──┼──
   -4  -3  -2  -1   0   1   2   3   4
```

A（　　　　）　B（　　　　）　C（　　　　）　D（　　　　）　E（　　　　）

3 ある距離の測定値 26700 m の有効数字が 2，6，7 のとき，この測定値を $a \times 10^n$
の形で表しなさい。（ただし，$1 \leqq a < 10$）

もう一歩

数の分類

これまで，整数，自然数，負の数，有理
数，無理数など，いろいろな数を学んで
きましたね。
それらをまとめると，右のようになりま
す。しっかりと整理しておきましょう。

$$\text{数} \begin{cases} \text{有理数} \begin{cases} \text{整 数} \begin{cases} \text{正の整数（自然数）} \\ 0 \\ \text{負の整数} \end{cases} \\ \text{整数ではない有理数} \end{cases} \\ \text{無理数} \end{cases}$$

例題の答　**1** ①$\dfrac{2}{3}$　②0.7　③$\sqrt{\dfrac{4}{9}}$　④$\sqrt{0.49}$　⑤$\sqrt{5}$　⑥$\sqrt{10}$　（⑤と⑥は順不同）　**2** ①－　②145　③155

第2章 平方根

根号をふくむ式の乗除

まず ココ！ 要点を確かめよう

➡ 平方根の積や商は，次のようにして求めます。

a，b が正の数のとき，$\sqrt{a} \times \sqrt{b} = \sqrt{ab}$，$\sqrt{a} \div \sqrt{b} = \dfrac{\sqrt{a}}{\sqrt{b}} = \sqrt{\dfrac{a}{b}}$

➡ a，b が正の数のとき，$\sqrt{a^2} = a$，$\sqrt{a^2 b} = a\sqrt{b}$ が成り立ちます。

つぎ ココ！ 解き方を覚えよう

例題1 次の計算をしなさい。
(1) $\sqrt{5} \times \sqrt{7}$　　　(2) $\sqrt{80} \div \sqrt{5}$

(1) $\sqrt{5} \times \sqrt{7} = \sqrt{\boxed{①} \times \boxed{②}} = \sqrt{\boxed{③}}$ ← $\sqrt{a} \times \sqrt{b} = \sqrt{ab}$

(2) $\sqrt{80} \div \sqrt{5} = \dfrac{\sqrt{80}}{\sqrt{5}} = \sqrt{\boxed{④}} = \sqrt{\boxed{⑤}} = \boxed{⑥}$ ← $\sqrt{a} \div \sqrt{b} = \dfrac{\sqrt{a}}{\sqrt{b}} = \sqrt{\dfrac{a}{b}}$

└分数┘ └約分┘ └$\sqrt{a^2} = a$

例題2 次の数を，(1)は $\sqrt{a}$ の形，(2)は $a\sqrt{b}$ の形に表しなさい。
(1) $5\sqrt{3}$　　　(2) $\sqrt{12}$

(1) $5\sqrt{3} = \sqrt{\boxed{①}^2} \times \sqrt{3} = \sqrt{\boxed{②} \times 3} = \sqrt{\boxed{③}}$ ← $a\sqrt{b} = \sqrt{a^2 b}$
└$a = \sqrt{a^2}$┘

(2) $\sqrt{12} = \sqrt{\boxed{④}^2 \times 3} = \boxed{④}\sqrt{3}$ ← $\sqrt{a^2 b} = a\sqrt{b}$
└素因数分解する┘ └$\sqrt{a^2} = a$┘

例題3 次の計算をしなさい。
(1) $\sqrt{21} \times \sqrt{14}$　　　(2) $\sqrt{18} \times \sqrt{20}$

(1) $\sqrt{21} \times \sqrt{14} = \sqrt{3 \times \boxed{①}} \times \sqrt{2 \times \boxed{②}} = \sqrt{3 \times 2 \times \boxed{③}^2} = \boxed{③}\sqrt{6}$
└素因数分解する┘

(2) $\sqrt{18} \times \sqrt{20} = \sqrt{\boxed{④}^2 \times 2} \times \sqrt{\boxed{⑤}^2 \times 5} = \boxed{④} \times \boxed{⑤} \times \sqrt{2 \times 5} = \boxed{⑥}\sqrt{10}$
└素因数分解する┘

解答⇒別冊p.5

第1章
第2章
第3章
第4章
第5章
第6章
第7章
第8章

基本問題

1 次の計算をしなさい。

(1) $\sqrt{2} \times (-\sqrt{8})$

(2) $\sqrt{48} \div (-\sqrt{12})$

2 次の数を，(1)は $\sqrt{a}$ の形，(2)は $a\sqrt{b}$ の形に表しなさい。

(1) $4\sqrt{2}$

(2) $\sqrt{108}$

3 次の計算をしなさい。

(1) $\sqrt{28} \times \sqrt{45}$

(2) $(-\sqrt{15}) \times \sqrt{10}$

(3) $\sqrt{32} \times \sqrt{18}$

(4) $4\sqrt{6} \times 2\sqrt{2}$

もう一歩

計算のくふう

$\sqrt{12} \times \sqrt{32}$ の計算をするとき，$\sqrt{12} \times \sqrt{32} = \sqrt{12 \times 32} = \sqrt{384}$ としてから，384を素因数分解すると，$384 = 2 \times 2 \times 2 \times 2 \times 2 \times 2 \times 2 \times 3 = 2^7 \times 3$ となり，計算がめんどうになりますね。

最初に $\sqrt{12}$ と $\sqrt{32}$ を $a\sqrt{b}$ の形にすると，$\sqrt{12} \times \sqrt{32} = 2\sqrt{3} \times 4\sqrt{2}$ $= 2 \times 4 \times \sqrt{3 \times 2} = 8\sqrt{6}$ となり，計算が簡単になります。

例題の答 **1** ①5 ②7 ③35 ④$\frac{80}{5}$ ⑤16 ⑥4 **2** ①5 ②25 ③75 ④2 **3** ①7 ②7 ③7 ④3 ⑤2 ⑥6

13

第2章 平方根

分母の有理化，平方根の値

まず ココ！ **要点を確かめよう**

→ 分母に根号がある数を分母に根号がない形に表すことを，**分母を有理化する**と
　いいます。

　　a，b が正の数のとき，$\dfrac{\sqrt{b}}{\sqrt{a}} = \dfrac{\sqrt{b} \times \sqrt{a}}{\sqrt{a} \times \sqrt{a}} = \dfrac{\sqrt{ab}}{a}$

→ 根号の中の数の小数点の位置が 2 けた移るごとに，その数の平方根の小数点の
　位置は同じ向きに 1 けた移ります。

つぎ ココ！ **解き方を覚えよう**

例題 1 次の数の分母を有理化しなさい。

　　(1) $\dfrac{\sqrt{3}}{\sqrt{5}}$　　　　　　　　　(2) $\dfrac{2}{\sqrt{12}}$

分数では，分母と分子に同じ数をかけても大きさは変わらないので，(1)では $\sqrt{5}$，(2)で
は $\sqrt{12} = 2\sqrt{3}$ だから $\sqrt{3}$ をそれぞれかけて，分母を整数にします。

(1) $\dfrac{\sqrt{3}}{\sqrt{5}} = \dfrac{\sqrt{3} \times \sqrt{\boxed{①}}}{\sqrt{5} \times \sqrt{\boxed{①}}} = \dfrac{\sqrt{\boxed{③}}}{\boxed{②}}$

(2) $\dfrac{2}{\sqrt{12}} = \dfrac{2}{2\sqrt{3}} = \dfrac{\boxed{④}}{\sqrt{3}} = \dfrac{\sqrt{\boxed{⑤}}}{\sqrt{3} \times \sqrt{\boxed{⑤}}} = \dfrac{\sqrt{\boxed{⑤}}}{\boxed{⑥}}$
　　　└─ $12 = 2^2 \times 3$ 　　　↑ 約分

例題 2 $\sqrt{2} = 1.414$ として，次の値を求めなさい。

　　(1) $\sqrt{200}$　　　　　　　　　(2) $\dfrac{1}{\sqrt{2}}$

(1) $\sqrt{200} = \sqrt{2 \times \boxed{①}} = \sqrt{2} \times \boxed{②} = 1.414 \times \boxed{②} = \boxed{③}$

(2) $\dfrac{1}{\sqrt{2}} = \dfrac{\sqrt{\boxed{④}}}{\sqrt{2} \times \sqrt{\boxed{④}}} = \dfrac{\sqrt{\boxed{④}}}{\boxed{⑤}} = 1.414 \div \boxed{⑤} = \boxed{⑥}$
　　　　　└─ 分母を有理化する

第1章

第2章

第3章

第4章

第5章

第6章

第7章

第8章

基 本 問 題　解答⇒別冊p.5

1 次の数の分母を有理化しなさい。

(1) $\dfrac{\sqrt{2}}{\sqrt{3}}$

(2) $\dfrac{7}{2\sqrt{7}}$

(3) $\dfrac{2\sqrt{3}}{\sqrt{6}}$

2 $\sqrt{5}=2.236$ として，次の値を求めなさい。

(1) $\sqrt{500}$

(2) $\sqrt{0.05}$

3 $\sqrt{3}=1.732$ として，次の値を求めなさい。

(1) $\sqrt{12}$

(2) $\dfrac{3}{2\sqrt{3}}$

もう一歩

平方根の近似値の覚え方

平方根の値は無限に続く小数になるので覚えるのは大変ですが，近似値は次のような覚え方があります。ぜひ，覚えておきましょう。

ヒト ヨヒトヨ ニ ヒトミ ゴロ
$\sqrt{2}=1.41421356\cdots$（一夜一夜に　人見ごろ）

ヒト ナミニ オゴレヤ
$\sqrt{3}=1.7320508\cdots$（人なみに　おごれや）

フ ジサンロクオームナク
$\sqrt{5}=2.2360679\cdots$（富士山ろく　おうむ鳴く）

ニ ヨ ヨクヨワク
$\sqrt{6}=2.449489\cdots$（煮よ　よく弱く）

ナ ニ ムシイナイ
$\sqrt{7}=2.64575\cdots$（菜に虫いない）

例題の答 **1** ①5 ②5 ③15 ④1 ⑤3 ⑥3 **2** ①100 ②10 ③14.14 ④2 ⑤2 ⑥0.707

14 根号をふくむ式の加減

まず ココ！ 要点を確かめよう

➡ $2\sqrt{3}$ と $5\sqrt{3}$ のように，$\sqrt{}$ の中の数が同じときは，文字式の同類項をまとめるのと同じように考えて，たしたりひいたりしてまとめることができます。
① $m\sqrt{a}+n\sqrt{a}=(m+n)\sqrt{a}$
② $m\sqrt{a}-n\sqrt{a}=(m-n)\sqrt{a}$

➡ $\sqrt{8}$ と $\sqrt{18}$ のように，$\sqrt{}$ の中の数が異なるときも，$\sqrt{}$ の中をできるだけ小さい自然数にすると，$\sqrt{8}=2\sqrt{2}$，$\sqrt{18}=3\sqrt{2}$ となるので，たしたりひいたりできるようになるものがあります。

つぎ ココ！ 解き方を覚えよう

 例題1
次の計算をしなさい。
(1) $2\sqrt{3}+5\sqrt{3}$　　　(2) $7\sqrt{2}-4\sqrt{2}$

$\sqrt{}$ の中の数が同じときは，同類項と同じように，たしたりひいたりすることができます。

(1) $2\sqrt{3}+5\sqrt{3}=(\boxed{①}+\boxed{②})\sqrt{3}=\boxed{③}\sqrt{3}$　←$\sqrt{3}$をaとすると，$2a+5a$ の計算になる

(2) $7\sqrt{2}-4\sqrt{2}=(\boxed{④}-\boxed{⑤})\sqrt{2}=\boxed{⑥}\sqrt{2}$　←$\sqrt{2}$をaとすると，$7a-4a$ の計算になる

 例題2
次の計算をしなさい。
(1) $\sqrt{50}+\sqrt{18}$　　　(2) $5\sqrt{2}-\dfrac{4}{\sqrt{2}}$

(1)は $a\sqrt{b}$ の形に，(2)は分母を有理化してから計算します。

(1) $\sqrt{50}+\sqrt{18}=\sqrt{\boxed{①}^2\times2}+\sqrt{\boxed{②}^2\times2}=\boxed{①}\sqrt{2}+\boxed{②}\sqrt{2}$　←$\sqrt{a^2b}=a\sqrt{b}$

　　$=\boxed{③}\sqrt{2}$

(2) $5\sqrt{2}-\dfrac{4}{\sqrt{2}}=5\sqrt{2}-\dfrac{4\times\sqrt{2}}{\sqrt{2}\times\sqrt{2}}=5\sqrt{2}-\dfrac{4\sqrt{2}}{\boxed{④}}=5\sqrt{2}-\boxed{⑤}\sqrt{2}=\boxed{⑥}\sqrt{2}$

　　　　　　　　　　　　　　　↑分母を有理化する　　　　　　　　　　　　↑約分する

第1章

第2章

第3章

第4章

第5章

第6章

第7章

第8章

1 次の計算をしなさい。

(1)　$5\sqrt{5}+7\sqrt{5}$

(2)　$2\sqrt{7}-6\sqrt{7}$

(3)　$-\sqrt{6}+4\sqrt{6}-2\sqrt{6}$

(4)　$4\sqrt{3}+2\sqrt{5}-3\sqrt{3}+\sqrt{5}$

2 次の計算をしなさい。

(1)　$\sqrt{32}+\sqrt{50}$

(2)　$\sqrt{27}-\sqrt{48}$

(3)　$\sqrt{45}-\sqrt{20}+\sqrt{5}$

(4)　$\sqrt{8}+\dfrac{6}{\sqrt{2}}$

もう一歩

$\sqrt{a}+\sqrt{b}$ と $\sqrt{a+b}$ は等しい？

$\sqrt{2}\times\sqrt{3}=\sqrt{2\times3}=\sqrt{6}$ でしたね。では，$\sqrt{2}+\sqrt{3}$ は $\sqrt{2+3}=\sqrt{5}$ と等しいか調べてみましょう。

$\sqrt{2}+\sqrt{3}=1.414\cdots+1.732\cdots=3.146\cdots$

$\sqrt{2+3}=\sqrt{5}=2.236\cdots$

これより，$\sqrt{2}+\sqrt{3}$ と $\sqrt{5}$ は等しくないことがわかりましたね。

このように，平方根のたし算は，かけ算のように，$\sqrt{}$ の中の数どうしを計算してはいけません。

例 題 の 答　**1** ①2　②5　③7　④7　⑤4　⑥3　**2** ①5　②3　③8　④2　⑤2　⑥3

第2章 平方根

根号をふくむ式の計算

まず ココ！ 要点を確かめよう

➡ 根号をふくむ式の計算は，**分配法則**や**乗法公式**を使って計算することができます。

分配法則　$a(b+c)=ab+ac$ 　　　$(a+b)(c+d)=ac+ad+bc+bd$

乗法公式　$(x+a)^2=x^2+2ax+a^2$ 　　$(x-a)^2=x^2-2ax+a^2$

$(x+a)(x-a)=x^2-a^2$ 　　$(x+a)(x+b)=x^2+(a+b)x+ab$

つぎ ココ！ 解き方を覚えよう

例題 1
次の計算をしなさい。
(1) $\sqrt{3}(\sqrt{2}-1)$ 　　　(2) $(\sqrt{5}+3)(\sqrt{6}-1)$

分配法則を使って，式を展開します。

(1) $\sqrt{3}(\sqrt{2}-1)=\sqrt{3}\times\boxed{①}-\sqrt{3}\times\boxed{②}=\boxed{③}-\boxed{④}$ ←$a(b+c)$
$=ab+ac$

(2) $(\sqrt{5}+3)(\sqrt{6}-1)=\sqrt{5}\times\sqrt{6}-\sqrt{5}\times\boxed{⑤}+3\times\sqrt{6}-3\times\boxed{⑤}$

$=\sqrt{30}-\boxed{⑥}+3\sqrt{6}-\boxed{⑦}$ ←$(a+b)(c+d)=ac+ad+bc+bd$

例題 2
次の計算をしなさい。
(1) $(\sqrt{3}+\sqrt{2})^2$ 　　　(2) $(\sqrt{6}+2)(\sqrt{6}-2)$
(3) $(\sqrt{5}+4)(\sqrt{5}-2)$

乗法公式を使って，式を展開します。

(1) $(\sqrt{3}+\sqrt{2})^2=(\boxed{①})^2+2\times\sqrt{2}\times\boxed{①}+(\sqrt{2})^2$

$=\boxed{②}+2\sqrt{6}+2=\boxed{③}+2\sqrt{6}$ ←$(x+a)^2=x^2+2ax+a^2$

(2) $(\sqrt{6}+2)(\sqrt{6}-2)=(\boxed{④})^2-2^2=\boxed{⑤}-4=\boxed{⑥}$ ←$(x+a)(x-a)=x^2-a^2$

(3) $(\sqrt{5}+4)(\sqrt{5}-2)=(\boxed{⑦})^2+(4-2)\sqrt{5}-4\times2=\boxed{⑧}+2\sqrt{5}-8$

$=\boxed{⑨}+2\sqrt{5}$ ←$(x+a)(x+b)=x^2+(a+b)x+ab$

第1章
第2章
第3章
第4章
第5章
第6章
第7章
第8章

基本問題

解答⇒別冊p.6

1 次の計算をしなさい。

(1) $\sqrt{2}(\sqrt{6}+\sqrt{3})$

(2) $(\sqrt{3}-1)(\sqrt{2}+4)$

2 次の計算をしなさい。

(1) $(\sqrt{6}+4)^2$

(2) $(\sqrt{5}-\sqrt{2})^2$

(3) $(\sqrt{7}-\sqrt{3})(\sqrt{7}+\sqrt{3})$

(4) $(\sqrt{2}+2)(\sqrt{2}-4)$

 もう一歩

計算のくふう

例えば，$(2\sqrt{5}+\sqrt{8})(\sqrt{20}-2\sqrt{2})$ の計算は，そのまま展開すると，$2\sqrt{100}-4\sqrt{10}+\sqrt{160}-2\sqrt{16}$ となり，あとの計算がとてもめんどうになります。こういうときは，$\sqrt{8}$ と $\sqrt{20}$ を $a\sqrt{b}$ の形に変形すると，乗法公式を使って，次のようにして解くことができます。

$$(2\sqrt{5}+\sqrt{8})(\sqrt{20}-2\sqrt{2})=(2\sqrt{5}+2\sqrt{2})(2\sqrt{5}-2\sqrt{2})$$

$(x+a)(x-a)=x^2-a^2$

$$=(2\sqrt{5})^2-(2\sqrt{2})^2$$
$$=20-8$$
$$=12$$

式を展開するときは，乗法公式を使えるようにくふうしましょう。

例題の答 **1** ①$\sqrt{2}$ ②1 ③$\sqrt{6}$ ④$\sqrt{3}$ ⑤1 ⑥$\sqrt{5}$ ⑦3
2 ①$\sqrt{3}$ ②3 ③5 ④$\sqrt{6}$ ⑤6 ⑥2 ⑦$\sqrt{5}$ ⑧5 ⑨-3

確認テスト ② 平方根

1 次の数の平方根を求めなさい。(3点×3＝9点)

→ できなければ，p.24 へ

(1) 81　　　　　　　　(2) 13　　　　　　　　(3) $\dfrac{16}{49}$

2 次の各組の数の大小を，不等号を使って表しなさい。(4点×2＝8点)

→ できなければ，p.24 へ

(1) 4, $\sqrt{7}$　　　　　　　　(2) $-\sqrt{5}$, $-\sqrt{7}$

3 次の(1)，(2)は $\sqrt{a}$ の形，(3)，(4)は $a\sqrt{b}$ の形に表しなさい。(3点×4＝12点)

→ できなければ，p.28 へ

(1) $2\sqrt{3}$　　　(2) $3\sqrt{5}$　　　(3) $\sqrt{27}$　　　(4) $\sqrt{75}$

4 次の計算をしなさい。(4点×4＝16点)

→ できなければ，p.28 へ

(1) $\sqrt{7} \times \sqrt{42}$　　　　　　　(2) $\sqrt{56} \div \sqrt{14}$

(3) $\sqrt{12} \times \sqrt{18}$　　　　　　　(4) $3\sqrt{3} \times 2\sqrt{6}$

5 次の数の分母を有理化しなさい。(5点×3＝15点)

→ できなければ，p.30 へ

(1) $\dfrac{3}{\sqrt{5}}$　　　　　(2) $\dfrac{\sqrt{3}}{\sqrt{7}}$　　　　　(3) $\dfrac{6}{\sqrt{8}}$

第1章
第2章
第3章
第4章
第5章
第6章
第7章
第8章

⊙ 平方根は, $\sqrt{}$ の中の数をできるだけ小さな自然数にしておこう。
⊙ 平方根の乗除は, 式の途中で $a\sqrt{b}$ の形にしてから計算しよう。
⊙ 平方根の加減は, $\sqrt{}$ の中の数が同じときにだけ計算できます。

6 次の計算をしなさい。(5点×4＝20点)　　　　⊙できなければ, p.32 へ

(1) $3\sqrt{5}+4\sqrt{5}$

(2) $8\sqrt{3}-5\sqrt{2}+2\sqrt{3}$

(3) $\sqrt{32}+\sqrt{8}$

(4) $\sqrt{48}-\sqrt{75}$

7 次の計算をしなさい。(5点×4＝20点)　　　　⊙できなければ, p.34 へ

(1) $\sqrt{5}\,(3+\sqrt{5})$

(2) $(\sqrt{7}-\sqrt{5})^2$

(3) $(\sqrt{3}+2)(\sqrt{3}-2)$

(4) $(\sqrt{6}+2)(\sqrt{6}-3)$

これで レベルアップ

$x=\sqrt{3}+2$, $y=\sqrt{3}-2$ のとき, x^2-y^2 の値を求めてみましょう。

$x^2-y^2=(x+y)(x-y)=(\sqrt{3}+2+\sqrt{3}-2)\{\sqrt{3}+2-(\sqrt{3}-2)\}=2\sqrt{3}\times4=8\sqrt{3}$

x^2-y^2 に直接 x, y の値を代入するより, 上のように式を変形してから代入するほうが, 計算が簡単になります。

式の値を求めるときは, 式を因数分解するなど簡単にしてから, x, y の値を代入しましょう。

16

第3章 方程式

1次方程式 1年

まず ココ！ 要点を確かめよう

➡ 1次方程式は次のようにして解きます。
　① かっこがあれば，かっこをはずします。分数や小数があれば，両辺を何倍かして整数にします。
　② $ax=b$ の形にして，両辺を x の係数 a でわります。

　　$ax=b$ の解は，$x=\dfrac{b}{a}$

➡ 比例式の性質として，$a:b=c:d$ ならば，$ad=bc$ が成り立ちます。

つぎ ココ！ 解き方を覚えよう

例題 1
次の1次方程式を解きなさい。
(1) $3x-2(x-2)=10$
(2) $\dfrac{1}{3}x-2=\dfrac{1}{5}x$

(1) かっこをはずすと，

$3x-2x+\boxed{①}=10$
└ 符号が変わる

$x=10-\boxed{①}$

$x=\boxed{②}$

(2) 両辺に $\boxed{③}$ をかけると，
└ 3と5の最小公倍数

$\left(\dfrac{1}{3}x-2\right)\times\boxed{③}=\dfrac{1}{5}x\times\boxed{③}$

$5x-\boxed{④}=\boxed{⑤}x$ ← 整数にする

$5x-\boxed{⑤}x=\boxed{④}$

$\boxed{⑥}x=\boxed{④}$

$x=\boxed{⑦}$

例題 2
比例式 $x:9=2:3$ を解きなさい。

比例式では，$a:b=c:d$ ならば，$ad=bc$（外側の2つの項の積は，内側の2つの項の積に等しい）が成り立つから，

$x\times\boxed{①}=9\times\boxed{②}$ 　 $\boxed{①}x=\boxed{③}$ 　 $x=\boxed{④}$

第1章
第2章
第3章
第4章
第5章
第6章
第7章
第8章

基 本 問 題 解答⇒別冊p.6

1 次の1次方程式を解きなさい。

(1) $5x-10=0$

(2) $4x-3=2x$

(3) $3x-4=x+6$

(4) $3-8x=-4x+39$

2 次の1次方程式を解きなさい。

(1) $7x-6=3(x-4)$

(2) $2(x-2)=3(4-2x)$

(3) $0.3x+0.8=0.6x-0.4$

(4) $\dfrac{x}{4}-\dfrac{1}{2}=\dfrac{x}{2}+\dfrac{3}{4}$

3 次の比例式を解きなさい。

(1) $x:4=5:3$

(2) $\dfrac{1}{3}:\dfrac{1}{4}=8:x$

例題 の 答　**1** ①4　②6　③15　④30　⑤3　⑥2　⑦15　**2** ①3　②2　③18　④6

17 連立方程式 2年

第3章 方程式

連立方程式 2年

まず ココ！ 要点を確かめよう

➡ 連立方程式は，ふつう，1つの文字について係数をそろえた2式を**加減**して，1文字を**消去**して解く方法（**加減法**）を使います。

➡ $A=B=C$ の形の連立方程式は，$\begin{cases} A=B \\ A=C \end{cases}$ $\begin{cases} A=B \\ B=C \end{cases}$ $\begin{cases} A=C \\ B=C \end{cases}$ のいずれかの形になおして解きます。

つぎ ココ！ 解き方を覚えよう

例題 1 連立方程式 $\begin{cases} 3x-y=5 \ \cdots\cdots① \\ x+2y=4 \ \cdots\cdots② \end{cases}$ を解きなさい。

加減法で，y を消去します。

$①×\boxed{①}$ $\boxed{②}x-\boxed{③}y=\boxed{④}$

$②$ $\underline{+) \quad x+ \quad 2y=4}$

yを消去する $\boxed{⑤}x \quad = \boxed{⑥}$

$x=\boxed{⑦}$

$x=\boxed{⑦}$ を②に代入して，

$\boxed{⑦}+2y=4 \quad 2y=\boxed{⑧}$

$y=\boxed{⑨}$

よって，$x=\boxed{⑦}$ ，$y=\boxed{⑨}$

例題 2 連立方程式 $3x+y=4x+3y=5$ を解きなさい。

5 を2回使った式になおすと，

$\begin{cases} 3x+y=5 \ \cdots\cdots① \\ 4x+3y=5 \ \cdots\cdots② \end{cases}$ ←A=B=C ⇒ $\begin{cases} A=C \\ B=C \end{cases}$

$①×\boxed{①}$ $\boxed{②}x+\boxed{③}y=\boxed{④}$

$②$ $\underline{-) \quad 4x+ \quad 3y=5}$

yを消去する $\boxed{⑤}x \quad = \boxed{⑥}$

$x=\boxed{⑦}$

$x=\boxed{⑦}$ を①に代入して，

$\boxed{⑧}+y=5 \quad y=\boxed{⑨}$

よって，$x=\boxed{⑦}$ ，$y=\boxed{⑨}$

解きやすい組み合わせを考えよう。

第1章
第2章
第3章
第4章
第5章
第6章
第7章
第8章

基 本 問 題 解答⇒別冊p.7

1 次の連立方程式を解きなさい。

(1) $\begin{cases} 3x+4y=1 \\ x-2y=7 \end{cases}$

(2) $\begin{cases} 2x+3y=-7 \\ 4x-(x+y)=6 \end{cases}$

2 連立方程式 $\begin{cases} 0.2x+0.3y=3 \\ \dfrac{x}{3}-\dfrac{y}{2}=-3 \end{cases}$ を解きなさい。

3 連立方程式 $4x+y=3x-y=7$ を解きなさい。

例題の答 **1** ①2 ②6 ③2 ④10 ⑤7 ⑥14 ⑦2 ⑧2 ⑨1 **2** ①3 ②9 ③3 ④15 ⑤5 ⑥10 ⑦2 ⑧6 ⑨−1

方程式の利用 1・2年

まず コ！ 要点を確かめよう

→ 方程式を利用して文章題を解くときは，次の手順でします。
① 等しい数量の関係を見つけ，何を x または x，y で表すかを決める。
② 1次方程式または連立方程式をつくる。
③ 方程式を解く。
④ 求めた解が問題の答えとして適しているかどうかを確かめる。
⑤ 答えを書く。

つぎ コ！ 解き方を覚えよう

例題 1

1個90円のオレンジと1個150円のりんごをあわせて12個買い，代金の合計を1500円にしたいと思います。オレンジとりんごをそれぞれ何個買えばよいですか。

オレンジを x 個買うとすると，$90x+150(\boxed{① }-x)=1500$ ←1次方程式をつくる

$-60x=\boxed{② }$　$x=\boxed{③ }$　りんごの個数は，$12-\boxed{③ }=\boxed{④ }$（個）

これらは問題に適している。　　　　　　　（答）オレンジ $\boxed{③ }$ 個，りんご $\boxed{④ }$ 個

例題 2

A地点から15km離れたC地点まで行くのに，途中のB地点までは時速6kmで進み，B地点からC地点までは時速4kmで進みました。A地点を出発してからC地点に着くまで3時間かかりました。AB間，BC間の道のりをそれぞれ求めなさい。

AB間の道のりを x km，BC間の道のりを y km として連立方程式をつくると，

$$\begin{cases} x+y=\boxed{① } & \cdots\cdots① \leftarrow 道のり \\ \dfrac{x}{6}+\dfrac{y}{\boxed{②}}=\boxed{③ } & \cdots\cdots② \leftarrow 時間 \end{cases}$$

②×$\boxed{④ }$ より，

$2x+\boxed{⑤}\,y=\boxed{⑥ }$　$\cdots\cdots②´$

①×2−②´より，$-y=\boxed{⑦ }$　$y=\boxed{⑧ }$

$y=\boxed{⑧ }$ を①に代入して，$x=\boxed{⑨ }$

これらは問題に適している。

（答）AB間 $\boxed{⑨ }$ km，BC間 $\boxed{⑧ }$ km

第1章
第2章
第3章
第4章
第5章
第6章
第7章
第8章

基 本 問 題 解答⇒別冊p.7

1 50円のシールと100円のシールをあわせて23枚買ったら，代金の合計が1550円になりました。50円のシールと100円のシールはそれぞれ何枚買いましたか。1次方程式を使って求めなさい。

2 大人と中学生，小学生をあわせて40人で，動物園に行きました。1人あたりの動物園の入場料は，大人500円，中学生200円，小学生100円でした。入場料の総額が7300円で，小学生の人数が22人のとき，中学生と大人の人数はそれぞれ何人でしたか。連立方程式を使って求めなさい。

3 家から駅まで2800mの道のりを，はじめは分速80mで歩き，途中からは分速200mで走ったところ，家を出てから23分後に駅に着きました。歩いた道のりと走った道のりはそれぞれ何mでしたか。連立方程式を使って求めなさい。

例題の答 1 ①12 ②－300 ③5 ④7 2 ①15 ②4 ③3 ④12 ⑤3 ⑥36 ⑦－6 ⑧6 ⑨9

2次方程式の解き方 ①

 まず ココ！ ## 要点を確かめよう

➡ 移項して整理すると，（2次式）=0 の形になる方程式を **2次方程式**といいます。

➡ 2次方程式を成り立たせるような文字の値をその方程式の**解**といい，解をすべて求めることを2次方程式を**解く**といいます。

➡ $ax^2=b$，$(x+a)^2=b$ の形の2次方程式は，**平方根**の考えを使って解くことができます。

① $ax^2=b$ の解は，$x=\pm\sqrt{\dfrac{b}{a}}$　　② $(x+a)^2=b$ の解は，$x=-a\pm\sqrt{b}$

つぎ ココ！ ## 解き方を覚えよう

例題 **1**　1，2，3，4のうち，2次方程式 $x^2-4x+3=0$ の解になっているものをすべて答えなさい。

1を代入すると，（左辺）=$1-\boxed{①\ }+3=\boxed{②\ }$

2を代入すると，（左辺）=$\boxed{③\ }-8+3=\boxed{④\ }$

3を代入すると，（左辺）=$9-\boxed{⑤\ }+3=\boxed{⑥\ }$

4を代入すると，（左辺）=$\boxed{⑦\ }-16+3=\boxed{⑧\ }$

x にそれぞれの数を代入したとき，左辺の値が0になるものが解になる

これより，2次方程式の解は，$x=1$，$x=\boxed{⑨\ }$　←ふつう，2次方程式の解は2つある

例題 **2**　次の2次方程式を解きなさい。
(1) $2x^2-6=0$　　　　　　　(2) $(x-2)^2=16$

(1) -6 を移項して，$2x^2=\boxed{①\ }$　両辺を x^2 の係数2でわると，$x^2=\boxed{②\ }$

3の平方根を求めると $\pm\boxed{③\ }$ だから，$x=\pm\boxed{③\ }$　←$x=a$，$x=-a$ をまとめて表す

└正，負の2つある

(2) $x-2$ が $\boxed{④\ }$ の平方根だから，$x-2=\pm\boxed{⑤\ }$　$x=2\pm\boxed{⑤\ }$

これより，$x=2+\boxed{⑤\ }=\boxed{⑥\ }$，$x=2-\boxed{⑤\ }=\boxed{⑦\ }$

基本問題　解答⇒別冊p.7

1 $x=-2$ を解とする2次方程式を，次のア～エの中からすべて選びなさい。

ア　$x^2-9=0$

イ　$(x+4)^2=4$

ウ　$x^2+4x+4=0$

エ　$x^2+x-6=0$

2 次の2次方程式を解きなさい。

(1)　$x^2=49$

(2)　$25x^2-11=0$

(3)　$(x-3)^2=25$

(4)　$(x+4)^2-18=0$

もう一歩

$x^2+4x-6=0$ を $(x+a)^2=b$ の形にして解いてみよう

-6 を移項して，$x^2+4x=6$
x の係数4の半分の2の2乗を両辺にたすと，
$x^2+4x+2^2=6+2^2$
$(x+2)^2=10$ ）$x^2+2ax+a^2=(x+a)^2$ を利用する
$x+2=\pm\sqrt{10}$
$x=-2\pm\sqrt{10}$

例題の答　**1** ①4 ②0 ③4 ④-1 ⑤12 ⑥0 ⑦16 ⑧3 ⑨3 **2** ①6 ②3 ③$\sqrt{3}$ ④16 ⑤4 ⑥6 ⑦-2

第3章 方程式

2次方程式の解き方 ②

まず ココ！ 要点を確かめよう

2次方程式 $ax^2+bx+c=0$ の解は，次の解の公式で求めることができます。

$$x=\frac{-b\pm\sqrt{b^2-4ac}}{2a}$$

a，b，c の値がわかれば，解の公式を使って，解を求めることができます。

つぎ ココ！ 解き方を覚えよう

 例題 1

次の2次方程式を解きなさい。

(1) $x^2+5x+2=0$ (2) $2x^2+4x-1=0$

(1) 解の公式に $a=1$，$b=5$，$c=2$ を代入して計算します。

$$x=\frac{-\boxed{①}\pm\sqrt{\boxed{①}^2-4\times1\times\boxed{②}}}{2\times1}$$

$$=\frac{-\boxed{①}\pm\sqrt{\boxed{③}-\boxed{④}}}{2}=\frac{-\boxed{①}\pm\sqrt{\boxed{⑤}}}{2}$$

(2) 解の公式に $a=2$，$b=4$，$c=-1$ を代入して計算します。

$$x=\frac{-\boxed{⑦}\pm\sqrt{\boxed{⑦}^2-4\times\boxed{⑥}\times(-1)}}{2\times\boxed{⑥}}$$ ←負の数を代入するときは，かっこをつけて表す

$$=\frac{-\boxed{⑦}\pm\sqrt{\boxed{⑨}+\boxed{⑩}}}{\boxed{⑧}}=\frac{-\boxed{⑦}\pm\sqrt{\boxed{⑪}}}{\boxed{⑧}}$$

┌ $\sqrt{a^2b}=a\sqrt{b}$ を使って，$\sqrt{}$ の中をできるだけ小さい自然数にする

$$=\frac{-\boxed{⑦}\pm2\sqrt{\boxed{⑫}}}{\boxed{⑧}}=\frac{-\boxed{⑭}\pm\sqrt{\boxed{⑫}}}{\boxed{⑬}}$$ ←約分できるときは約分する

基本問題

解答⇒別冊p.7

1 次の2次方程式を解きなさい。

(1)　$x^2+3x+1=0$

(2)　$2x^2-7x+4=0$

(3)　$x^2+2x-3=0$

(4)　$2x^2+6x+3=0$

> もう一歩

解の公式のつくり方

2次方程式 $ax^2+bx+c=0$ の解の公式は，式を変形して $(x+■)^2=▲$ の形をつくることで導くことができます。

$$ax^2+bx+c=0$$

> 両辺をx^2の係数aでわる

$$x^2+\frac{b}{a}x+\frac{c}{a}=0$$

> 数の項を移項する

$$x^2+\frac{b}{a}x=-\frac{c}{a}$$

> 両辺に x の係数の $\frac{1}{2}$ の2乗をたす

$$x^2+\frac{b}{a}x+\left(\frac{b}{2a}\right)^2=-\frac{c}{a}+\left(\frac{b}{2a}\right)^2$$

> 左辺を$(x+■)^2$の形にし，右辺は通分して計算する

$$\left(x+\frac{b}{2a}\right)^2=\frac{b^2-4ac}{4a^2}$$

> 平方根を求める

$$x+\frac{b}{2a}=\pm\frac{\sqrt{b^2-4ac}}{2a}$$

> 移項して，整理する

$$x=\frac{-b\pm\sqrt{b^2-4ac}}{2a}$$

例題 の 答　**1** ①5　②2　③25　④8　⑤17　⑥2　⑦4　⑧4　⑨16　⑩8　⑪24　⑫6　⑬2　⑭2

第3章 方程式

2次方程式の解き方 ③

まず ココ！ 要点を確かめよう

→ 2次方程式は因数分解を利用して解くことができます。

$x^2+(a+b)x+ab=0$ は左辺を因数分解すると，

$(x+a)(x+b)=0$ になります。

ここで，$AB=0$ ならば，$A=0$ または $B=0$ だから，

$x+a=0$ または $x+b=0$

よって，$x=-a$，$x=-b$

→ 解の公式を使うとどんな2次方程式でも解くことができますが，計算が複雑になるので，因数分解できるときは因数分解すると，計算が簡単になります。

つぎ ココ！ 解き方を覚えよう

例題 1　次の2次方程式を解きなさい。

(1)　$x^2+2x-8=0$ 　　　　(2)　$x^2-8x+16=0$

(1)も(2)も，左辺が因数分解できるので，因数分解します。

(1)　$x^2+2x-8=0$

左辺を因数分解すると，　　　　　　　　　$x^2+(a+b)x+ab=(x+a)(x+b)$ を利用する

$(x+\boxed{\text{①}})(x-\boxed{\text{②}})=0$

$x+\boxed{\text{①}}=0$ または $x-\boxed{\text{②}}=0$ 　　　$AB=0$ ならば，$A=0$ または $B=0$

よって，$x=\boxed{\text{③}}$，$x=\boxed{\text{④}}$

(2)　$x^2-8x+16=0$

左辺を因数分解すると，　　$x^2-2ax+a^2=(x-a)^2$ を利用する

$(x-\boxed{\text{⑤}})^2=0$

$x=\boxed{\text{⑥}}$ ← 2次方程式の解は2つあるが，平方の形になるときは1つになる

基 本 問 題

解答⇒別冊p.8

1 次の2次方程式を解きなさい。

(1) $(x+7)(x+3)=0$

(2) $x^2+x-56=0$

(3) $x^2+6x=0$

(4) $x^2-14x+49=0$

(5) $x^2-9=0$

(6) $x^2+5x-36=0$

もう一歩

平方根の考えを使っても解ける

2次方程式 $4x^2-49=0$ の解は，因数分解を利用して，

$(2x+7)(2x-7)=0$　$2x+7=0$ または $2x-7=0$　よって，$x=-\dfrac{7}{2}$，$x=\dfrac{7}{2}$

と解くことができますが，p.44のように平方根の考えを使って解くこともできますよ！

$4x^2-49=0 \xrightarrow{\text{移項して}} 4x^2=49$　$x^2=\dfrac{49}{4}$　$x=\pm\sqrt{\dfrac{49}{4}}=\pm\dfrac{7}{2}$

例 題 の 答　**1** ①4　②2　③−4　④2　⑤4　⑥4

22 いろいろな２次方程式

まず ココ！ 要点を確かめよう

➡️ いろいろな形をした２次方程式は，ふつうは，移項して（２次式）＝0 の形に整理して，次の中から最も解き方が簡単になる方法を選んで解きます。
① 因数分解を利用する方法
② 平方根の考えを使う方法
③ 解の公式を使う方法

つぎ ココ！ 解き方を覚えよう

例題 1 次の２次方程式を解きなさい。
(1) $x^2+3x=7$　　　　(2) $(x-1)(x+4)=-6$

移項して，まず式を整理して，（２次式）＝0 の形にします。因数分解できるときは因数分解を利用し，因数分解できなければ，解の公式を使います。

(1) 7を移項して，$x^2+3x\boxed{①}\ 7=0$ ←（２次式）＝0 の形にする
└符号

左辺が因数分解できないので，解の公式を使うと，

$$x=\frac{-\boxed{③}\pm\sqrt{\boxed{③}^2-4\times\boxed{②}\times(-7)}}{2\times\boxed{②}}$$
←$a=1$，$b=3$，$c=-7$を代入する

$$=\frac{-\boxed{③}\pm\sqrt{\boxed{⑤}+\boxed{⑥}}}{\boxed{④}}=\frac{-\boxed{③}\pm\sqrt{\boxed{⑦}}}{\boxed{④}}$$

(2) 左辺を展開すると，$\boxed{⑧}=-6$ ←$(x+a)(x+b)=x^2+(a+b)x+ab$ を利用する

−6を移項して，$x^2+3x+\boxed{⑨}=0$ ←（２次式）＝0 の形にする

左辺を因数分解すると，$(x+1)(x+\boxed{⑩})=0$ ←$x^2+(a+b)x+ab=(x+a)(x+b)$ を利用する

$x+1=0$ または $x+\boxed{⑩}=0$　$x=\boxed{⑪}$，$x=\boxed{⑫}$
←$AB=0$ ならば，$A=0$ または $B=0$

基本問題

解答⇒別冊p.8

1 次の2次方程式を解きなさい。

(1) $x^2 = -4x$

(2) $x^2 = 2x + 5$

(3) $x^2 + 5x = 6$

(4) $x^2 + 16 = 8x$

(5) $x(x - 5) = 50$

(6) $(x - 2)(x + 3) = -5$

もう一歩

「おきかえ」を使った解き方

2次方程式 $(x+1)^2 + 2(x+1) = 0$ を，次の⑦，⑦の2つの方法で解いてみましょう。

⑦ 左辺を展開すると，

$x^2 + 2x + 1 + 2x + 2 = 0$

$x^2 + 4x + 3 = 0$

左辺を因数分解すると，

$(x+1)(x+3) = 0$

$x + 1 = 0$ または $x + 3 = 0$

$x = -1, \ x = -3$

⑦ $x + 1 = M$ とおくと，

$M^2 + 2M = 0$

$M(M + 2) = 0$

$M = 0$ または $M + 2 = 0$

$M = 0, \ M = -2$

Mをもとにもどして，

$x + 1 = 0, \ x + 1 = -2$

$x = -1, \ x = -3$

どちらの解き方が簡単でしたか？

例題の答 **1** ①− ②1 ③3 ④2 ⑤9 ⑥28 ⑦37 ⑧$x^2 + 3x - 4$ ⑨2 ⑩2 ⑪−1 ⑫−2

第3章 方程式

2次方程式の利用 ①

まず ココ！ 要点を確かめよう

→ 2次方程式を利用して文章題を解くときは，次の手順でします。

① 等しい数量の関係を見つけ，何をxで表すかを決める。

② 方程式をつくる。

③ 方程式を解く。

④ 求めた解が問題の答えとして適しているかどうかを確かめる。

⑤ 答えを書く。

つぎ ココ！ 解き方を覚えよう

例題 1

2つの整数があります。その差は2で，積は24です。この2つの整数を求めなさい。

小さいほうの整数を x とすると，大きいほうの整数は差が2なので，[①＿＿＿] と表される。

2つの整数の積が24なので，

$x($ [①＿＿＿] $)=24$ ←方程式をつくる

左辺を展開して式を整理すると，

[②＿＿＿＿] $=0$ ←（2次式）=0 の形にする

左辺を因数分解すると，

$(x+$ [③＿] $)(x-$ [④＿] $)=0$

$x=$ [⑤＿] ，$x=$ [⑥＿] ←方程式の解

$x=$ [⑤＿] のとき，大きいほうの整数は，[⑤＿] $+2=$ [⑦＿]

$x=$ [⑥＿] のとき，大きいほうの整数は，[⑥＿] $+2=$ [⑧＿]

これらは問題に適している。

よって，求める2つの整数は，[⑤＿] と [⑦＿] ，[⑥＿] と [⑧＿]

1 2つの自然数があります。その差は3で，積は28です。この2つの自然数を求めなさい。

2 連続する3つの整数があります。いちばん大きい数の2乗が他の2つの数の2乗の和に等しいとき，この3つの整数を求めなさい。

もう一歩

もう1つの解を求めるには？

2次方程式 $x^2-3x-a=0$ の解の1つが5のとき，もう1つの解は次のようにして求めることができます。

$x=5$ を $x^2-3x-a=0$ に代入すると，$5^2-3\times5-a=0$　$a=10$

これより，2次方程式は $x^2-3x-10=0$ になるから，これを解くと，

$(x-5)(x+2)=0$　$x=5,\ -2$

よって，もう1つの解は $x=-2$ になります。

例 題 の 答　**1** ①$x+2$　②$x^2+2x-24$　③6　④4　⑤−6　⑥4　⑦−4　⑧6

2次方程式の利用 ②

まず ココ！ 要点を確かめよう

➡ 図形の問題を2次方程式を利用して解く場合は，x の値の範囲に注意します。

➡ 面積がわかっている四角形の辺の長さなどを求めるとき，2次方程式の解が図形の条件にあてはまるかどうかを確かめます。

つぎ ココ！ 解き方を覚えよう

例題1 横が縦より 8 cm 長い長方形の厚紙があります。この4すみから1辺が 5 cm の正方形を切り取り，ふたのない直方体の容器をつくると，容積は 420 cm³ になりました。もとの厚紙の縦と横の長さを求めなさい。

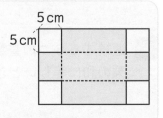

5 cm
5 cm

もとの厚紙の縦の長さを x cm とすると，横の長さは(①〔　　〕)cm となります。この

とき，容器の底面の縦の長さは $(x-10)$cm，横の長さは(②〔　　〕)cm になるので，

└─5×2

$5(x-10)($②〔　　〕$)=420$ ←方程式をつくる

これを解くと，

$(x-10)($②〔　　〕$)=$③〔　　〕 ←両辺を5でわる

x^2-④〔　　〕$x+$⑤〔　　〕$=$③〔　　〕 ←左辺を展開する

x^2-④〔　　〕$x-$⑥〔　　〕$=0$ ←(2次式)=0 の形にする

$(x+$⑦〔　　〕$)(x-$⑧〔　　〕$)=0$ ←左辺を因数分解する

$x=$⑨〔　　〕，$x=$⑩〔　　〕 ←方程式の解

$x>10$ だから，$x=$⑨〔　　〕は問題に適していない。 ←x の値の範囲を調べる

$x=$⑩〔　　〕のとき，横の長さは ⑩〔　　〕$+8=$⑪〔　　〕(cm) これらは問題に適し

ている。 よって，もとの厚紙の縦の長さは⑩〔　　〕cm，横の長さは⑪〔　　〕cm

直方体の容器は，次の図のようになるよ。

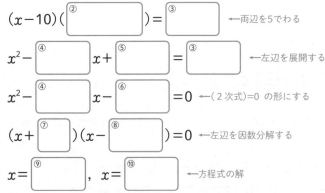

5 cm
$(x-10)$ cm
$(x-2)$ cm

1 右の図のように，正方形の縦を 2 cm 短くし，横を 3 cm 長くしたところ，その長方形の面積は 36 cm² になりました。もとの正方形の1辺の長さを求めなさい。

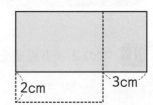

2 縦が 8 m，横が 10 m の長方形の土地に，右の図のように，縦，横に同じ幅(はば)の道をつけて，残りを花だんにします。花だんの面積が 63 m² になるようにするには，道幅を何 m にすればよいですか。

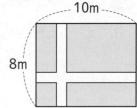

もう一歩

解から2次方程式を求めてみよう

2次方程式 $x^2+ax+b=0$ の解が -2, 3 のとき，a と b の値はそれぞれいくつになるでしょうか。次の㋐，㋑のように，2通りの解き方があります。

㋐ x に -2, 3 をそれぞれ代入して，連立方程式 $\begin{cases} 2a-b=4 \\ 3a+b=-9 \end{cases}$ をつくります。

　これを解くと，$a=-1$, $b=-6$

㋑ 解が -2, 3 だから，2次方程式は $(x+2)(x-3)=0$ です。
　この式の左辺を展開すると，$x^2-x-6=0$　よって，$a=-1$, $b=-6$

確認テスト ③ 2次方程式

解答⇒別冊p.9

1 次の2次方程式を解きなさい。(8点×2=16点)　できなければ, p.44 へ

(1) $x^2 - 80 = 0$

(2) $(x+7)^2 - 12 = 0$

2 次の2次方程式を解きなさい。(8点×2=16点)　できなければ, p.46 へ

(1) $x^2 - 5x + 1 = 0$

(2) $3x^2 + 4x - 2 = 0$

3 次の2次方程式を解きなさい。(8点×2=16点)　できなければ, p.48 へ

(1) $x^2 + 7x + 12 = 0$

(2) $x^2 + 2x - 15 = 0$

4 次の2次方程式を解きなさい。(11点×2=22点)　できなければ, p.50 へ

(1) $x^2 - 5x = 24$

(2) $(x-3)(x+1) = -3$

○ 2次方程式を解くとき，まず，因数分解できるかどうかを考えてみよう。
○ 解の公式を正確に覚え，使えるようにしておこう。
○ 文章題を解くときは，解が問題の答えとして適しているかを確かめよう。

5 2つの正の数があり，その差は4で，2乗の和は80です。この2つの正の数を求めなさい。(15点) → できなければ，p.52 へ

6 縦12 m，横15 m の長方形の土地に，右の図のように，同じ幅の道路をつけることにしました。道路の面積が50 m² になるようにするには，道路の幅を何 m にすればよいですか。(15点) → できなければ，p.54 へ

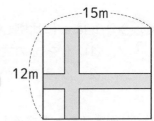

これで

2次方程式 $x^2-x-12=0$ の小さいほうの解が2次方程式 $x^2+ax+a+1=0$ の解の1つになっているとき，a の値を求めてみましょう。

2次方程式 $x^2-x-12=0$ を解くと，$(x-4)(x+3)=0$　$x=4$, $x=-3$
これより，小さいほうの解は $x=-3$ です。
$x=-3$ を2次方程式 $x^2+ax+a+1=0$ に代入すると，
$(-3)^2+a\times(-3)+a+1=0$　$9-3a+a+1=0$　$10-2a=0$　$-2a=-10$　$a=5$

第4章 関数

比例と反比例 1年

まず ココ！ 要点を確かめよう

➡ y が x の関数で，$y=ax$（a は比例定数）の式で表されるとき，y は x に比例するといいます。比例のグラフは原点を通る直線です。

➡ y が x の関数で，$y=\dfrac{a}{x}$（a は比例定数）の式で表されるとき，y は x に反比例するといいます。反比例のグラフは，原点について対称な双曲線（2つのなめらかな曲線）です。

つぎ ココ！ 解き方を覚えよう

例題 1

y は x に比例し，$x=2$ のとき $y=-6$ です。
(1) y を x の式で表しなさい。
(2) グラフのかき方を答えなさい。

(1) 比例定数を a とすると，式は $y=$ ①⬚ と表されます。この式に $x=2$，$y=-6$ を代入すると，

$-6=a\times2$　$a=$ ②⬚

よって，求める式は $y=$ ③⬚

(2) 右の図のように，原点 O と $(2,$ ④⬚ $)$ を通る直線をひきます。

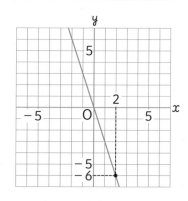

例題 2

y は x に反比例し，$x=-2$ のとき $y=8$ です。y を x の式で表しなさい。

比例定数を a とすると，式は $y=$ ①⬚ と表されます。

この式に $x=-2$，$y=8$ を代入すると，$8=\dfrac{a}{-2}$　$a=$ ②⬚

よって，求める式は $y=$ ③⬚

第1章

第2章

第3章

第4章

第5章

第6章

第7章

第8章

基 本 問 題 解答⇒別冊p.9

1 y は x に比例し，$x=6$ のとき $y=-3$ です。次の問いに答えなさい。

(1) y を x の式で表しなさい。

(2) $x=-4$ のときの y の値を求めなさい。

2 y は x に反比例し，$x=-5$ のとき $y=-4$ です。次の問いに答えなさい。

(1) y を x の式で表しなさい。

(2) $x=10$ のときの y の値を求めなさい。

3 次の関数のグラフをかきなさい。

(1) $y=\dfrac{1}{2}x$

(2) $y=-\dfrac{6}{x}$

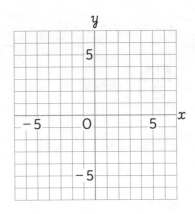

例 題 の 答　**1** ①ax　②-3　③$-3x$　④-6　**2** ①$\dfrac{a}{x}$　②-16　③$-\dfrac{16}{x}$

第4章 関数

1次関数 2年

まず ココ！ 要点を確かめよう

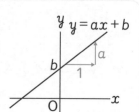

→ y が x の関数で，$y=ax+b$（a，b は定数）のように，y が x の1次式で表されるとき，y は x の1次関数であるといいます。

→ 1次関数 $y=ax+b$ の変化の割合は一定で，a に等しい。

$$（変化の割合）=\frac{（yの増加量）}{（xの増加量）}=a$$

→ 1次関数 $y=ax+b$ のグラフは，傾きが a，切片が b の直線です。

つぎ ココ！ 解き方を覚えよう

例題 1　y が x の1次関数で，そのグラフが2点$(-1, -1)$，$(2, 5)$を通るとき，この1次関数の式を求めなさい。

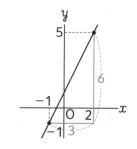

グラフの傾きは，$\dfrac{5-(-1)}{2-(-1)}=$ ①[　] ←変化の割合でもある

よって，求める式は，$y=$ ①[　]$x+b$ と表せます。

グラフが点$(-1, -1)$を通るから，$-1=$ ②[　]$+b$　$b=$ ③[　]

よって，求める式は，$y=$ ④[　]

例題 2　方程式 $2x+3y=6$ のグラフのかき方を答えなさい。

y について解くと，$y=$ ①[　] となります。

傾きが ②[　]，切片が ③[　]だから，y 軸上の点$(0,$ ③[　]$)$

と，その点から右へ3，下へ ④[　]進んだ点$(3,$ ⑤[　]$)$の2点
　　　　　　└分母　　　└分子

を通る直線をひきます。

第1章

第2章

第3章

第4章

第5章

第6章

第7章

第8章

基本問題

解答⇒別冊p.9

1 1次関数 $y=-\dfrac{1}{2}x+3$ の変化の割合を求めなさい。

2 次の直線の式を求めなさい。

(1) 傾きが-2で，点$(2，4)$を通る。

(2) 点$(3，-4)$を通り，直線 $y=-3x+1$ に平行である。

(3) 2点$(-3，-3)$，$(6，3)$を通る。

3 次の方程式のグラフをかきなさい。

(1) $x-2y+4=0$

(2) $4y+8=0$

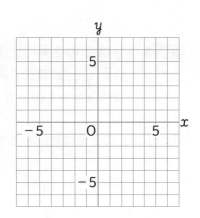

例題の答 **1** ①2 ②-2 ③1 ④$2x+1$ **2** ①$-\dfrac{2}{3}x+2$ ②$-\dfrac{2}{3}$ ③2 ④2 ⑤0

27 関数 $y=ax^2$

第4章 関数

まず ココ！ 要点を確かめよう

➡ y が x の関数で，$y=ax^2$（a は定数）で表されるとき，y は x の2乗に比例するといい，a を比例定数といいます。

➡ 関数 $y=ax^2$ では，x の値を n 倍すると，y の値は n^2 倍になります。

つぎ ココ！ 解き方を覚えよう

例題 1

底面が1辺 x cm の正方形で，高さが3cm の正四角柱の体積を y cm³ とします。

(1) y を x の式で表しなさい。

(2) y は x の2乗に比例するといえますか。

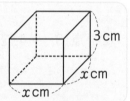

(1) 四角柱の体積は（底面積）×（高さ）だから，

$$y=x\times \boxed{①}\times 3=\boxed{②}$$

(2) $y=\boxed{②}$ は，$y=ax^2$ の形になっているから，y は x の2乗に比例すると

$\boxed{③}$ 。

例題 2

y は x の2乗に比例し，$x=3$ のとき $y=18$ です。

(1) y を x の式で表しなさい。

(2) $x=-4$ のときの y の値を求めなさい。

(1) y は x の2乗に比例するから，式を $y=a\boxed{①}$ （a は比例定数）とおきます。

この式に $x=3$，$y=\boxed{②}$ を代入すると，$18=a\times\boxed{③}^2$ $a=\boxed{④}$

よって，$y=\boxed{⑤}x^2$

(2) (1)の式に $x=-4$ を代入すると，

$$y=\boxed{⑤}\times(-4)^2=\boxed{⑥}$$

基本問題

解答⇒別冊p.10

1 次の関数のうち，y が x の2乗に比例するものを選び，その比例定数をいいなさい。

ア $y=x$　　　　　　イ $y=-3x^2$　　　　　　ウ $y=\dfrac{x^2}{2}$

エ $y=-2x+3$　　　　オ $y=\dfrac{6}{x}$

2 y は x の2乗に比例し，$x=2$ のとき $y=-20$ です。このとき，次の問いに答えなさい。

(1) y を x の式で表しなさい。

(2) $x=-3$ のときの y の値を求めなさい。

もう一歩

表をつくって調べよう

関数 $y=2x^2$ について，表をつくってみましょう。
$y=2x^2$ に x の値（1，2，3，4，5，6，……）を代入して，対応する y の値を求めていくと，右のような表ができます。
x の値を2倍，3倍，……すると，y の値は 2^2 倍，3^2 倍，……になることがよくわかりますね。

x	1	2	3	4	5	6	…
y	2	8	18	32	50	72	…

例題の答 **1** ①x ②$3x^2$ ③いえる **2** ①x^2 ②18 ③3 ④2 ⑤2 ⑥32

28

第4章 関数

関数 $y=ax^2$ のグラフ

まず ココ！ 要点を確かめよう

→ 関数 $y=ax^2$ のグラフは，放物線（ほうぶつせん）とよばれる曲線です。

→ 原点を頂点とし，y軸について対称です。
① $a>0$ のとき，上に開いた形
② $a<0$ のとき，下に開いた形
になります。

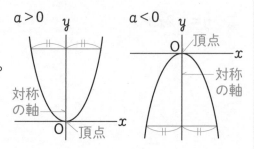

→ a の絶対値が大きいほど，グラフの開き方は小さくなります。

つぎ ココ！ 解き方を覚えよう

例題 1 次の関数のグラフのかき方を答えなさい。

(1) $y=x^2$ (2) $y=\frac{1}{2}x^2$

x の値に対応する y の値を求めて，表をつくります。

(1)

x	−3	−2	−1	−0.5	0	0.5	1	2	3
y	9	①	1	0.25	②	③	1	4	④

(2)

x	−6	−4	−2	0	2	4	6
y	18	8	⑤	0	⑥	⑦	18

表から x，y の値の組を座標とする点をとって，下の図のようになめらかな曲線をかきます。

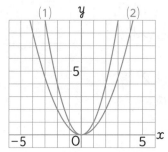

左の図のように，$y=ax^2$ の a の絶対値が $1 > \frac{1}{2}$ だから，$y=x^2$ のほうがグラフの開き方は小さくなるよ。

1 次の関数のグラフをかきなさい。

(1)　$y = 2x^2$

(2)　$y = -\dfrac{1}{2}x^2$

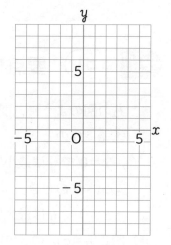

2 右のグラフは，関数 $y = ax^2$ のグラフです。次の問いに答えなさい。

(1)　a の値を求めなさい。

(2)　$x = -4$ のときの y の値を求めなさい。

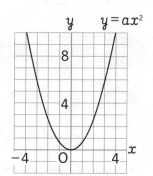

もう一歩

$y = ax^2$ のグラフと $y = -ax^2$ のグラフの対称性

$y = x^2$ のグラフと $y = -x^2$ のグラフ，$y = 2x^2$ のグラフと $y = -2x^2$ のグラフ，$y = \dfrac{1}{3}x^2$ のグラフと $y = -\dfrac{1}{3}x^2$ のグラフは，どれもそれぞれ x 軸について対称になります。

このように，比例定数 a がどんな値をとっても，$y = ax^2$ のグラフと $y = -ax^2$ のグラフは，x 軸について対称になるのです。

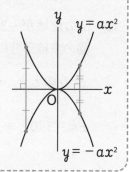

例題の答　**1**　①4　②0　③0.25　④9　⑤2　⑥2　⑦8

29

関数 $y=ax^2$ と変域

まず ココ! 要点を確かめよう

→ 右の図のように，関数 $y=ax^2$ で，

① $a>0$ のとき，

$x=0$ で y は最小値 0 をとります。

② $a<0$ のとき，

$x=0$ で y は最大値 0 をとります。

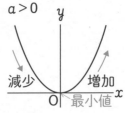
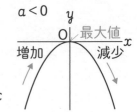

→ 関数 $y=ax^2$ の x の変域に対応する y の変域は，グラフをかいて考えるとよくわかります。

つぎ ココ! 解き方を覚えよう

例題 1　関数 $y=\dfrac{1}{2}x^2$ で，x の変域が次のとき，y の変域を求めなさい。

(1) $2 \leqq x \leqq 4$　　　　　　(2) $-3 \leqq x \leqq 1$

(1) x の変域が $2 \leqq x \leqq 4$ のときの $y=\dfrac{1}{2}x^2$ のグラフは，右の図の実線部分になります。

$x=2$ のとき，$y=\dfrac{1}{2}\times2^2=$ ①□　←最小値

$x=4$ のとき，$y=\dfrac{1}{2}\times4^2=$ ②□　←最大値

よって，y の変域は，①□ $\leqq y \leqq$ ②□

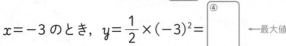

(2) x の変域が $-3 \leqq x \leqq 1$ のときの $y=\dfrac{1}{2}x^2$ のグラフは，右の図の実線部分になります。

$x=0$ のとき，$y=\dfrac{1}{2}\times0^2=$ ③□　←最小値（$x=1$ のときではない）

$x=-3$ のとき，$y=\dfrac{1}{2}\times(-3)^2=$ ④□　←最大値

よって，y の変域は，③□ $\leqq y \leqq$ ④□

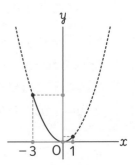

基 本 問 題

第1章
第2章
第3章
第4章
第5章
第6章
第7章
第8章

1 関数 $y=\dfrac{1}{4}x^2$ で，x の変域が次のとき，y の変域を求めなさい。

 (1) $-6\leqq x\leqq -2$ (2) $-4\leqq x\leqq 2$

2 関数 $y=-2x^2$ で，x の変域が次のとき，y の変域を求めなさい。

 (1) $1\leqq x\leqq 3$ (2) $-2\leqq x\leqq 4$

もう一歩

1次関数の変域と関数 $y=ax^2$ の変域

- 1次関数 $y=ax+b$ の変域
  x の変域の両端の点が，y の変域の両端の点に対応している。
- 関数 $y=ax^2$ の変域
  x の変域に 0 をふくまない場合… x の変域の両端の点が，y の変域の両端
            の点に対応している。
  x の変域に 0 をふくむ場合… $a>0$ のとき，y の最小値は 0 になる。
          $a<0$ のとき，y の最大値は 0 になる。

例題の答 **1** ①2 ②8 ③0 ④$\dfrac{9}{2}$

30 関数 $y=ax^2$ の変化の割合

第4章 関数

まず ココ！ 要点を確かめよう

⮕ 変化の割合は，$\dfrac{（yの増加量）}{（xの増加量）}$ で求めます。

⮕ 1次関数 $y=ax+b$ の変化の割合は傾き a に等しく一定でしたが，関数 $y=ax^2$ の変化の割合は一定ではありません。

（例）右の図で，

x の値が0から1まで増加するときの y の増加量は1

x の値が1から2まで増加するときの y の増加量は3

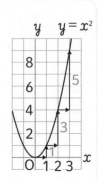

つぎ ココ！ 解き方を覚えよう

例題 1 関数 $y=2x^2$ について，x の値が次のように増加するときの変化の割合を求めなさい。

(1) 1から3まで　　　　　　(2) −3から−1まで

(1) $x=1$ のとき $y=2\times1^2=$ 〔①　　〕，$x=3$ のとき $y=2\times3^2=$ 〔②　　〕 だから，

x の増加量は，$3-1=2$

y の増加量は，〔②　　〕 − 〔①　　〕 = 〔③　　〕

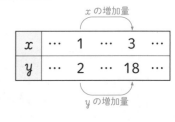

よって，変化の割合は，$\dfrac{〔③　〕}{2}=$ 〔④　〕

(2) $x=-3$ のとき $y=2\times(-3)^2=$ 〔⑤　　〕，$x=-1$ のとき $y=2\times(-1)^2=$ 〔⑥　　〕 だから，

x の増加量は，$-1-(-3)=2$

y の増加量は，〔⑥　　〕 − 〔⑤　　〕 = 〔⑦　　〕

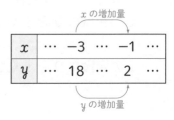

よって，変化の割合は，$\dfrac{〔⑦　　〕}{2}=$ 〔⑧　〕

基 本 問 題　解答⇒別冊p.10

1 関数 $y=\dfrac{1}{2}x^2$ について，x の値が次のように増加するときの変化の割合を求めなさい。

(1)　2から4まで

(2)　0から8まで

2 関数 $y=-x^2$ について，x の値が次のように増加するときの変化の割合を求めなさい。

(1)　1から5まで

(2)　−6から3まで

変化の割合と直線の傾き

右の図のように，関数 $y=x^2$ のグラフ上の点で，x 座標が −1, 3 である点をそれぞれ A，B とします。

このとき，x の値が −1 から 3 まで増加するときの関数 $y=x^2$ の変化の割合は，2点A，Bを通る直線の傾きに等しくなります。

どちらも求め方が $\dfrac{9-1}{3-(-1)}=2$ になりますね。

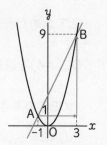

例題の答　**1** ①2　②18　③16　④8　⑤18　⑥2　⑦−16　⑧−8

31

放物線と直線

まず ココ! 要点を確かめよう

➡ 放物線 $y=ax^2$ と直線 $y=mx+n$ が交わるとき，交点の座標は放物線と直線の式をともに満たしています。

つぎ ココ! 解き方を覚えよう

右の図で，点 A，B は関数 $y=\dfrac{1}{2}x^2$ のグラフ上の点で，x 座標はそれぞれ -2，4 です。また，点 C は直線 AB と y 軸の交点です。

(1) 点 A，B の座標を求めなさい。
(2) 直線 AB の式を求めなさい。
(3) △OAB の面積を求めなさい。

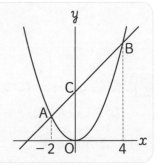

(1) $y=\dfrac{1}{2}x^2$ に $x=-2$，$x=4$ を代入して，A(-2, $\boxed{①}$)，B(4, $\boxed{②}$)

(2) 直線 AB の傾きは，$\dfrac{\boxed{②}-\boxed{①}}{4-(-2)}=1$ だから，直線 AB の式は $y=\boxed{③}+b$ と表せます。

この式に $x=-2$，$y=\boxed{①}$ を代入して，$\boxed{①}=-2+b$　$b=\boxed{④}$

よって，直線 AB の式は，$y=\boxed{⑤}$

(3) △OAB は，△OAC と △OBC に分けて考えます。

(2)で求めた直線の式から，C(0, $\boxed{⑥}$)
　　　　　　　　　　　　　　└切片

OC(=4)を底辺とみると，△OAC の 高さは $\boxed{⑦}$，

△OBC の高さは $\boxed{⑧}$ だから，

△OAB＝△OAC＋△OBC

　　　＝$\dfrac{1}{2}×4×\boxed{⑦}+\dfrac{1}{2}×4×\boxed{⑧}=\boxed{⑨}$

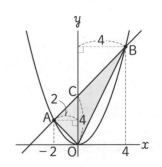

基本問題

1 右の図において，m は $y=ax^2$（a は定数）のグラフを表しています。点 A，B は m 上の点であって，A の座標は $(-8,\ 16)$ であり，B の x 座標は 4 です。ℓ は 2 点 A，B を通る直線です。次の問いに答えなさい。

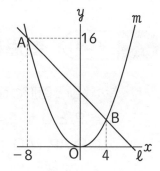

(1) a の値を求めなさい。

(2) 直線 ℓ の式を求めなさい。

(3) △OAB の面積を求めなさい。

 **もう一歩**

放物線と直線の交点の座標

放物線 $y=x^2$ と直線 $y=x+2$ の交点 A, B の座標は，

連立方程式 $\begin{cases} y=x^2 \\ y=x+2 \end{cases}$ を解いて求めることができます。

まず，y を消去して，$x^2=x+2 \ \rightarrow \ x^2-x-2=0$

この 2 次方程式を解くと，$x=-1,\ x=2$

$x=-1$ のとき，$y=(-1)^2=1$

$x=2$ のとき，$y=2^2=4$

よって，交点 A，B の座標は，A$(-1,\ 1)$，B$(2,\ 4)$

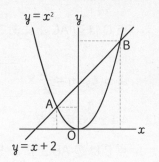

例題の答 **1** ①2 ②8 ③x ④4 ⑤$x+4$ ⑥4 ⑦2 ⑧4 ⑨12

32

関数 $y=ax^2$ の利用

まず ココ！ 要点を確かめよう

➡️ 点の移動と図形の面積の問題では，
① 点PとQが頂点Aを同時に出発するとき，x秒後の
線分AP，AQの長さを求める。
② xの変域に応じて，点PやQがどの辺上にあるかを
調べる。

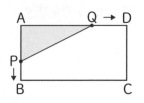

つぎ ココ！ 解き方を覚えよう

 例題 1

右の図のように，AB＝6 cm，AC＝4 cm，
∠CAB＝90°の直角三角形ABCがあります。
点P，Qは頂点Aを同時に出発し，PはAB上
を，QはAC上を，ともに毎秒1 cmの速さで，
それぞれ矢印の向きに動き，点P，Qは，
それぞれ頂点B，Cに到着したら止まるものとします。点P，Qが頂点
Aを出発してからx秒後の△APQの面積をy cm²とします。
(1) $0 \leqq x \leqq 4$ のとき，yをxの式で表しなさい。
(2) $4 \leqq x \leqq 6$ のとき，yをxの式で表しなさい。

(1) $0 \leqq x \leqq 4$ のとき，

点Pは辺AB上にあるから，AP＝［①　　］cm

点Qは辺AC上にあるから，AQ＝［②　　］cm

よって，$y = \dfrac{1}{2} \times$［①　　］$\times$［②　　］＝［③　　　］

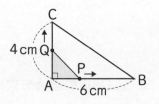

点Pが点Bに到着するのは，
6 ÷ 1 ＝ 6（秒後）
点Qが点Cに到着するのは，
4 ÷ 1 ＝ 4（秒後）
だね。

(2) $4 \leqq x \leqq 6$ のとき，

点Pは辺AB上にあるから，AP＝［④　　］cm

点Qは頂点C上にあるから，AQ＝［⑤　　］cm

よって，$y = \dfrac{1}{2} \times$［④　　］$\times$［⑤　　］＝［⑥　　　］

第1章
第2章
第3章
第4章
第5章
第6章
第7章
第8章

1 右の図のような長方形 ABCD の頂点 B から，P は
BA 上を A まで毎秒 1 cmの速さで，Q は BC 上を
C まで毎秒 2 cmの速さで動きます。P，Q が同時
に B を出発してから x 秒後の △PBQ の面積を
$y \, \mathrm{cm}^2$ として，次の問いに答えなさい。

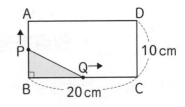

(1)　y を x の式で表しなさい。

(2)　x の変域を求めなさい。

(3)　y の変域を求めなさい。

(4)　△PBQ の面積が 49 cm² になるのは，P，Q が B を出発してから何秒後か，
求めなさい。

変域によって式が変化する関数のグラフ

例題1 では，(1)と(2)で式の形が変わりました。このようなとき，
x と y の関係をグラフに表すと，どのようになるでしょうか。
$0 \leqq x \leqq 4$ のときは $y = \dfrac{1}{2}x^2$ の放物線，$4 \leqq x \leqq 6$ のときは $y = 2x$
の直線だから，右の図のように表されます。
変域によって，グラフの形が変わることに注意しましょう。

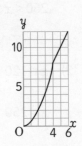

例題 の 答　**1**　①x　②x　③$\dfrac{1}{2}x^2$　④x　⑤4　⑥$2x$

33 いろいろな関数

まず ココ！ 要点を確かめよう

➡ ともなって変わる2つの変数 x と y があって，x の値を1つ決めると，それに対応して y の値がただ1つ決まるとき，y は x の関数であるといいます。

➡ 関数の中には，1つの式で表せる関数と，表せない関数とがあります。

つぎ ココ！ 解き方を覚えよう

例題1

次の表は，ある通信販売での商品の重さと送料の関係を表しています。

重さ	50gまで	100gまで	150gまで	250gまで	500gまで
料金	120円	140円	200円	240円	390円

(1) この表で，重さを x g，それに対応する料金を y 円として，x と y の関係を表すグラフのかき方を答えなさい。

(2) $x=120$，$x=250$ のときの y の値をそれぞれ求めなさい。

(3) y は x の関数といえますか。

(1) $0 < x \leqq 50$ のとき，$y=$ ①

$50 < x \leqq$ ② のとき，$y=140$

$100 < x \leqq 150$ のとき，$y=$ ③

④ $< x \leqq 250$ のとき，$y=240$

$250 < x \leqq$ ⑤ のとき，$y=390$

よって，グラフに表すと，右の図のようになります。

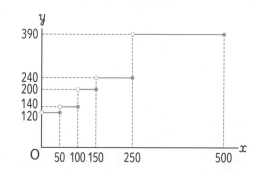

(2) $x=120$ のとき，$y=$ ⑥

$x=250$ のとき，$y=$ ⑦

(3) x の値を決めると，それに対応する y の値はただ1つ決まるから，y は x の関数と ⑧ 。

グラフで端の点をふくむ場合は●，ふくまない場合は○で表します。

第1章
第2章
第3章
第4章
第5章
第6章
第7章
第8章

基本問題

解答⇒別冊p.11

1 右のグラフは，ある地方でのタクシーの走行距離に対する料金を示したものです。2 km 未満は 710 円，その後は 300 m ごとに 90 円ずつ加算されていきます。このとき，次の問いに答えなさい。

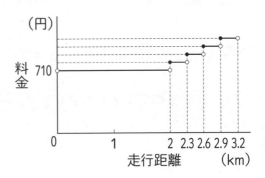

(1) 走行距離が 3.1 km のとき，料金は何円ですか。

(2) 料金が 1250 円だとすると，走行距離は何 km 以上何 km 未満ですか。

2 x の変域を $0 \leqq x \leqq 4$ として，x の値の小数点以下を切り捨てた値を y とするとき，この関数のグラフをかきなさい。

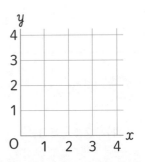

「切り捨てる」を「切り上げる」に変えるとグラフはどうなる？

基本問題**2** を次のように変えると，グラフはどのようになるでしょうか。
「x の変域を $0 \leqq x \leqq 4$ として，x の値の小数点以下を切り上げた値を y とするとき，この関数のグラフをかきなさい。」
$x=0$ のとき $y=0$，$0 < x \leqq 1$ のとき $y=1$，$1 < x \leqq 2$ のとき $y=2$，……，$3 < x \leqq 4$ のとき $y=4$ だから，グラフは右の図のようになります。

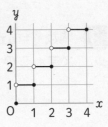

例題の答 **1** ①120 ②100 ③200 ④150 ⑤500 ⑥200 ⑦240 ⑧いえる

確認テスト ④ 関数 $y=ax^2$

解答⇒別冊p.11,12

/ 100

1 y は x の２乗に比例し，$x=2$ のとき $y=-8$ です。次の問いに答えなさい。

（10点×3＝30点）　→ できなければ，p.62,64 へ

(1) y を x の式で表しなさい。

(2) $x=-3$ のときの y の値を求めなさい。

(3) この関数のグラフをかきなさい。

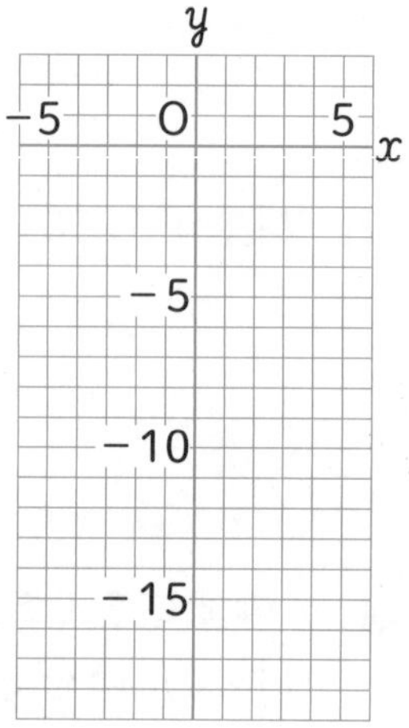

2 関数 $y=x^2$ で，x の変域が次のとき，y の変域を求めなさい。（11点×2＝22点）

→ できなければ，p.66 へ

(1) $2 \leqq x \leqq 3$

(2) $-2 \leqq x \leqq 3$

3 関数 $y=ax^2$ について，x の値が１から５まで増加するときの変化の割合は３です。このとき，a の値を求めなさい。（12点）

→ できなければ，p.68 へ

第1章

第2章

第3章

第4章

第5章

第6章

第7章

第8章

得点UP アドバイス
⊙ 放物線 $y=ax^2$ の変域を求めるときは，グラフをかいてから考えよう。
⊙ 関数 $y=ax^2$ の変化の割合は，1次関数とちがって一定ではないことに注意しよう。
⊙ 放物線と直線に関する問題は入試によく出題されるので，できるようにしておこう。

4 右の図のように，関数 $y=-\dfrac{1}{2}x^2$ のグラフ上に，2点 A，B があります。A，B の x 座標が，それぞれ -4，2 であるとき，次の問いに答えなさい。(12点×3＝36点)

→ できなければ，p.70 へ

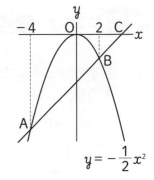

(1) 2点 A，B の座標を求めなさい。

(2) 2点 A，B を通る直線の式を求めなさい。

(3) A，B を通る直線が x 軸と交わる点を C とするとき，△ACO の面積を求めなさい。

これで **レベルアップ**

右の図のように，放物線 $y=x^2$ と直線 $y=x+2$ が2点 A，B で交わっています。原点 O を通り，△OAB の面積を2等分する直線 ℓ と直線 AB の交点を C とするとき，C の座標を求めなさい。

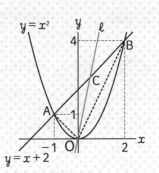

△OAC と△OBC で，底辺をそれぞれ AC，BC とみると，高さは等しいので，AC＝BC であれば，面積は等しくなります。つまり，点 C が線分 AB の中点であれば，直線 ℓ は△OAB の面積を2等分します。

A$(-1,\ 1)$，B$(2,\ 4)$より，C の座標は，$\left(\dfrac{-1+2}{2},\ \dfrac{1+4}{2}\right)$

よって，C$\left(\dfrac{1}{2},\ \dfrac{5}{2}\right)$ 2点 $(a,\ b)$，$(c,\ d)$ を結ぶ線分の中点の座標は，$\left(\dfrac{a+c}{2},\ \dfrac{b+d}{2}\right)$ で求めることができます。

34

平面図形 1年

まず ココ！ 要点を確かめよう

➡️ 基本の作図として，次の3つがあります。

⑦ 垂線　　　　　⑦ 線分の垂直二等分線　　　　⑦ 角の二等分線

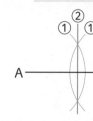
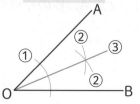

➡️ 半径 r，中心角 $a°$ のおうぎ形の弧の長さは $2\pi r \times \dfrac{a}{360}$，面積は $\pi r^2 \times \dfrac{a}{360}$

つぎ ココ！ 解き方を覚えよう

例題 1 直線 AB 上の点 P を通り，この直線に垂直な直線の作図のしかたを答えなさい。

① 点 P を中心とする［①　　　］をかき，直線 AB との［②　　　］を C，D とします。

② C，D をそれぞれ中心として［③　　　］半径の円をかき，その交点を E とします。

③ 直線［④　　　］をひきます。

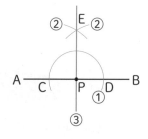

例題 2 右の図で，色がついた部分の周の長さと面積を求めなさい。

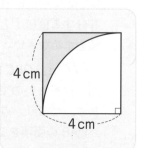

周の長さは，（正方形の1辺の長さ）×2＋（おうぎ形の弧の長さ）だから，

$$\boxed{①} \times 2 + 2 \times \pi \times 4 \times \frac{\boxed{②}}{360} = \boxed{③} + \boxed{④}\,\pi \text{ (cm)}$$

面積は，（正方形の面積）－（おうぎ形の面積）だから，

$$\boxed{⑤}^2 - \pi \times 4^2 \times \frac{\boxed{②}}{360} = \boxed{⑥} - \boxed{⑦}\,\pi \text{ (cm}^2\text{)}$$

第1章

第2章

第3章

第4章

第5章

第6章

第7章

第8章

基 本 問 題　解答⇒別冊p.12

1 右の図の円 O の円周上の点 P を通る接線を作図しなさい。

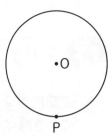

2 右の図において，直線 ℓ 上にあって，AP＝BP となるような点 P を作図しなさい。

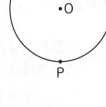

3 右のア〜エの三角形はすべて正三角形です。次の問いにあてはまる三角形をすべて求めなさい。

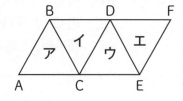

(1) アを平行移動させた三角形

(2) ウを点 D を回転の中心として回転移動させた三角形

4 次の図の色がついた部分の周の長さと面積を求めなさい。

(1)

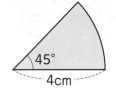

(2)

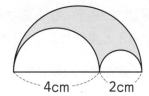

例 題 の 答　**1** ①円　②交点　③等しい　④PE　**2** ①4　②90　③8　④2　⑤4　⑥16　⑦4

35

空間図形 1年

まず ココ！ 要点を確かめよう

→ 空間内の2直線が平行でなく，交わらないとき，その2直線は**ねじれの位置にある**といいます。

→ 2つの平面P，Qが交わらないとき，平面PとQは**平行**であるといい，**P∥Q**で表します。

→ 立体の特徴を調べるのに，**見取図**や**展開図**，**投影図**などを使います。

見取図
（四角錐）

展開図の例

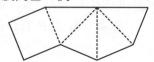

つぎ ココ！ 解き方を覚えよう

例題1
右の図の三角柱について，次の問いに答えなさい。
(1) 辺BCとねじれの位置にある辺はどれですか。
(2) 辺CFと平行な面はどれですか。
(3) 面ABCと垂直な面はどれですか。

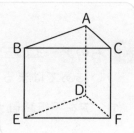

(1) 辺BCと平行でなく，交わらない辺だから，

辺AD，辺 [①   ]，辺DE ←3つ

(2) 辺CFと交わらない平面だから，面 [②   ] ←1つ

(3) 面ABED，面 [③   ]，面ADFC ←3つ

例題2
右の図は，直方体の展開図です。これについて，次の問いに答えなさい。
(1) 面㋒と平行になる面はどれですか。
(2) 辺ABと垂直になる面はどれですか。

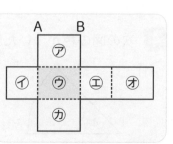

面㋒を底面として直方体を組み立てると，右の図のようになります。

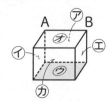

(1) 面㋒と平行になる面は [①] つあり，面 [②] です。

(2) 辺ABと垂直になる面は [③] つあり，面㋑と面 [④] です。

1 右の図の直方体について，次の辺や面をいいなさい。

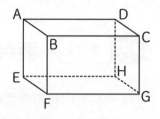

(1) 辺 AB とねじれの位置にある辺

(2) 辺 BF と平行な面

(3) 面 CGHD に垂直な辺

(4) 面 BFGC に垂直な面

2 右の図は，立方体の展開図です。これについて，次の問いに答えなさい。

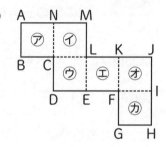

(1) 面⑦と平行になる面はどれですか。

(2) 辺 AN と重なる辺はどれですか。

3 次の投影図で表された立体の名まえをいい，見取図をかきなさい。

(1)

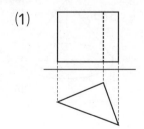

(2)

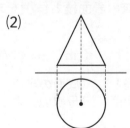

第5章 図形

立体の表面積と体積 1年

まず ココ! 要点を確かめよう

→ 角柱や円柱の表面積は（底面積）×2＋（側面積）で求められ，側面積は（高さ）×（底面の周の長さ）で求めることができます。

→ 角柱や円柱の体積は（底面積）×（高さ）で求められます。

→ 角錐や円錐の体積は $\frac{1}{3}$ ×（底面積）×（高さ）で求められます。

→ 半径 r の球の体積は $\frac{4}{3}\pi r^3$，表面積は $4\pi r^2$ で求められます。

つぎ ココ! 解き方を覚えよう

例題1 右の図の三角柱の表面積と体積を求めなさい。

底面積は， $\frac{1}{2}×3×4＝$ ①□ (cm²) ←三角形の面積

側面積は， $(3＋4＋$ ②□ $)×3＝$ ③□ (cm²)

よって，表面積は，（底面積）×2＋（側面積）＝ ①□ ×2＋ ③□ ＝ ④□ (cm²)

体積は， ①□ ×3＝ ⑤□ (cm³)
└底面積 └高さ

例題2 右の図の円錐の表面積と体積を求めなさい。

底面積は， $\pi ×3^2＝$ ①□ (cm²) ←円の面積

側面積は， $\left(\begin{array}{c}\text{母線を半径と}\\\text{する円の面積}\end{array}\right)×\dfrac{(\text{底面の半径})}{(\text{母線の長さ})}$ だから，

$\pi ×$ ②□ $^2×\dfrac{3}{5}＝\pi ×5×3＝$ ③□ (cm²)
　　　　　↑母線　↑底面の半径

よって，表面積は，（底面積）＋（側面積）＝ ①□ ＋ ③□ ＝ ④□ (cm²)

体積は， $\frac{1}{3}×$ ①□ × ⑤□ ＝ ⑥□ (cm³)
　　　　　↑底面積　↑高さ

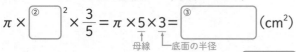

1 次の図の円柱，四角錐，円錐の体積を求めなさい。

(1)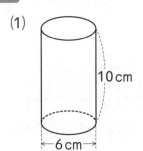

(2)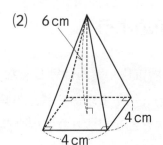

(3)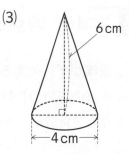

2 右の図のような，底面が1辺10 cmの正方形で，高さが6 cmの正四角柱の表面積を求めなさい。

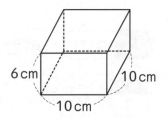

3 右の図のような，底面の半径6 cm，母線の長さ9 cmの円錐について，側面の展開図のおうぎ形の中心角を求めなさい。また，表面積を求めなさい。

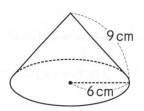

4 半径6 cmの球の体積と表面積を求めなさい。

例 題 の 答　**1** ①6　②5　③36　④48　⑤18　**2** ①9π　②5　③15π　④24π　⑤4　⑥12π

第1章
第2章
第3章
第4章
第5章
第6章
第7章
第8章

37 第5章 図形

平行と合同 2年

 まず ココ！ 要点を確かめよう

➡ 2直線が平行であるとき，**同位角・錯角**は等しくなります。

➡ n 角形の内角の和は $180° \times (n-2)$ で求められ，外角の和は $360°$ で一定です。

➡ 2つの三角形は，次の条件のどれかが成り立てば**合同**です。（三角形の合同条件）

① 3組の辺がそれぞれ等しい。

② 2組の辺とその間の角がそれぞれ等しい。

③ 1組の辺とその両端の角がそれぞれ等しい。

つぎ ココ！ 解き方を覚えよう

例題 1 右の図で，∠x の大きさを求めなさい。

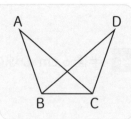

五角形の内角の和は，$180° \times (5 - \boxed{}^{①}) = \boxed{}^{②}$ °

∠BAE $= 180° - 85° = \boxed{}^{③}$ °

∠BCD $= 180° - 65° = \boxed{}^{④}$ °

よって，∠$x = \boxed{}^{②}$ ° $- (\boxed{}^{③}$ ° $+ \boxed{}^{④}$ ° $+ 110° + 90°) = \boxed{}^{⑤}$ °

例題 2 右の図で，AB＝DC，AC＝DB ならば，
△ABC≡△DCB であることを証明しなさい。

（証明） △ABC と△$\boxed{}^{①}$ において，

仮定より，AB $= \boxed{}^{②}$ ……① ，AC $= \boxed{}^{③}$ ……②

共通な辺だから，BC $= \boxed{}^{④}$ ……③

①，②，③より，$\boxed{}^{⑤}$ がそれぞれ等しいから，

△ABC≡△$\boxed{}^{①}$

84

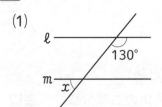

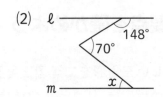

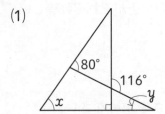

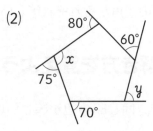

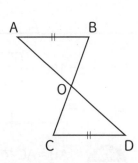

第1章
第2章
第3章
第4章
第5章
第6章
第7章
第8章

基本問題 　解答⇒別冊p.13

1 次の図で，$\ell /\!/ m$ のとき，$\angle x$ の大きさを求めなさい。

(1)

(2)

2 次の図で，$\angle x$，$\angle y$ の大きさを求めなさい。

(1)

(2)

3 右の図で，AB＝CD，AB $/\!/$ CD のとき，△AOB ≡ △DOC であることを，次のように証明しました。 ▢ にあてはまる記号やことばを入れなさい。

（証明）　△AOB と △DOC において，

仮定より，AB ＝ ▢ ……①

また，AB $/\!/$ CD より，平行線の ▢ は等しいので，

∠OAB＝∠ ▢ ……②

∠OBA＝∠ ▢ ……③

①，②，③より， ▢ がそれぞれ等しいから，

△AOB ≡ △DOC

- -

例題の答　**1** ①2　②540　③95　④115　⑤130　**2** ①DCB　②DC　③DB　④CB　⑤3組の辺

第5章 図形

三角形 2年

まず ココ！ **要点を確かめよう**

➡ 2つの辺が等しい三角形を**二等辺三角形**といいます。（**定義**）

➡ 二等辺三角形の性質は，「2つの底角は等しい。」と「頂角の二等分線は，底辺を垂直に2等分する。」があります。

➡ 2つの直角三角形は，次の条件のどちらかが成り立てば**合同**です。（**直角三角形の合同条件**）

　① 斜辺と1つの鋭角がそれぞれ等しい。　② 斜辺と他の1辺がそれぞれ等しい。

つぎ ココ！ **解き方を覚えよう**

例題 1 次の図で，同じ印の辺が等しいとき，∠xの大きさを求めなさい。

(1)

(2)

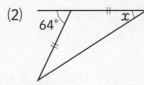

(1) 　∠x＝180°－ [①]°×2＝ [②]°　←二等辺三角形の2つの底角は等しい

(2) 　∠x＝ [③]°÷2＝ [④]°　←三角形の外角は，それととなり合わない2つの内角の和に等しい

例題 2 AB＝ACである二等辺三角形において，B，Cから対辺に，垂線 BD，CE をひくとき，△BDC≡△CEB であることを証明しなさい。

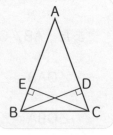

（証明）　△BDC と △CEB において，

　仮定より，∠BDC＝∠ [①] ＝90°……①

　二等辺三角形の [②] は等しいので，∠DCB＝∠ [③] ……②

　また，共通な辺だから，BC＝ [④] ……③

　①，②，③より，直角三角形の斜辺と [⑤] がそれぞれ等しいから，

　　△BDC≡△CEB

基 本 問 題

1 次の図で，AB＝AC であるとき，∠x の大きさを求めなさい。

(1)
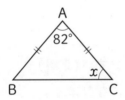

(2)
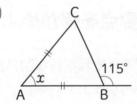

2 右の図で，四角形 ABCD は正方形，△BCE は正三角形のとき，∠x，∠y の大きさを次のようにして求めました。◯ にあてはまることばや数を入れなさい。

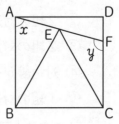

（解き方） 辺 BC は正三角形と正方形に共通な辺だから，

AB＝BC＝CD＝DA＝BE＝EC

よって，△BAE は ◯◯◯◯◯ 三角形であり，

∠EBC＝◯◯◯° より，∠ABE＝90°−◯◯◯°＝◯◯◯°

∠x＝（180°−◯◯◯°）÷2＝◯◯◯°

また，AB∥DC より，∠y＝180°−∠x＝◯◯◯°

3 右の図において，点 P は∠XOY の二等分線上の点であり，PA⊥OX，PB⊥OY です。
このとき，PA＝PB であることを，次のように証明しました。◯ にあてはまる記号やことばを入れなさい。

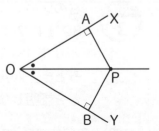

（証明） △PAO と △PBO において，

仮定より，∠PAO＝∠◯◯◯◯◯＝90° ……①

∠AOP＝∠◯◯◯◯◯ ……②

また，共通な辺だから，OP＝OP ……③

①，②，③より，直角三角形の ◯◯◯◯ と1つの ◯◯◯◯ がそれぞれ等しいから，△PAO≡△PBO

よって，PA＝◯◯◯◯

例題の答 **1** ①65 ②50 ③64 ④32 **2** ①CEB ②底角 ③EBC ④CB ⑤1つの鋭角

39

第5章 図形

四角形 2年

まず ココ！ 要点を確かめよう

➡ 2組の対辺がそれぞれ平行な四角形を**平行四辺形**といいます。（定義）

➡ 四角形は，次の条件のどれかが成り立てば，**平行四辺形**になります。

① 2組の対辺がそれぞれ平行である。（定義）

② 2組の対辺がそれぞれ等しい。

③ 2組の対角がそれぞれ等しい。

④ 対角線がそれぞれの中点で交わる。

⑤ 1組の対辺が平行でその長さが等しい。

➡ 4つの角が等しい四角形を**長方形**といいます。対角線の長さは等しくなります。

➡ 4つの辺が等しい四角形を**ひし形**といいます。対角線は垂直に交わります。

➡ 4つの辺が等しく，4つの角が等しい四角形を**正方形**といいます。

つぎ ココ！ 解き方を覚えよう

例題 1 右の図のように，平行四辺形 ABCD の対角線 BD 上に 2 点 P，Q を BP＝DQ となるようにとります。対角線 AC，BD の交点を O とするとき，四角形 APCQ は平行四辺形になることを証明しなさい。

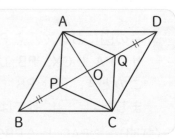

（証明） 平行四辺形 ABCD の対角線はそれぞれの中点で交わるから，

AO＝□① ……①

BO＝□② ……②

仮定より，BP＝□③ ……③

②，③より，BO－BP＝DO－DQ だから，PO＝□④ ……④

よって，①，④より，対角線がそれぞれの □⑤ で交わるから，四角形 APCQ は

└ 平行四辺形になる条件

平行四辺形になる。

基 本 問 題 　解答⇒別冊p.13

1 次の図の平行四辺形 ABCD について，x，y の値を求めなさい。

(1)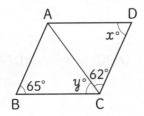

(2)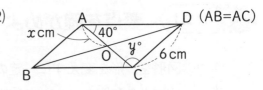

2 右の図のように，平行四辺形 ABCD の頂点 A から辺 BC，CD にそれぞれ垂線 AE，AF をひきます。AE＝AF ならば，平行四辺形 ABCD はひし形であることを，次のように証明しました。□にあてはまる記号やことばを入れなさい。

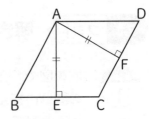

（証明）　△ABE と △ADF において，

四角形 □ は平行四辺形であるから，　∠B＝∠□　……①

仮定より，　AE＝□　……②

∠AEB＝∠□ ＝90°　……③

①，③より，　∠BAE＝∠□　……④

②，③，④より，□ がそれぞれ等しいから，

△ABE≡△ADF

よって，　AB＝□

したがって，となり合う2辺が等しいから，平行四辺形 □ はひし形である。

例題の答　**1** ①CO　②DO　③DQ　④QO　⑤中点

89

相似な図形

まず ココ！ **要点を確かめよう**

➡ 1つの図形を，形を変えずに一定の割合に拡大または縮小した図形は，もとの図形と相似であるといいます。2つの図形が相似であることを記号∽を使って表します。

△ABC　∽　△DEF

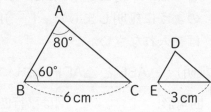

相似比　m　：　n

➡ 相似な図形では，対応する線分の長さの比はすべて等しく，対応する角の大きさはそれぞれ等しくなります。

➡ 相似な図形で，対応する線分の長さの比を相似比といいます。

つぎ ココ！ **解き方を覚えよう**

例題 1 右の図で，△ABC∽△DEF です。次の問いに答えなさい。
(1) △ABC と △DEF の相似比を求めなさい。
(2) ∠F の大きさを求めなさい。
(3) AB＝4 cm のとき，DE の長さを求めなさい。

(1) 相似比は対応する辺の長さの比だから，

BC：EF＝6：[①　]＝2：[②　]　←できるだけ簡単な整数の比で表す

(2) 相似な図形では対応する角の大きさは等しいから，∠F＝∠[③　]

よって，∠F＝180°－（80°＋[④　]°）＝[⑤　]°

(3) (1)より，相似比は[⑥　]：[⑦　]だから，

AB：DE＝2：1　[⑧　]：DE＝2：1　2 DE＝4

DE＝[⑨　]（cm）

比例式の性質を利用しよう。

外項の積
$a : b = c : d \rightarrow ad = bc$
内項の積

基本問題

解答⇒別冊p.13

1 右の図で，四角形 ABCD ∽ 四角形 EFGH です。
次の問いに答えなさい。

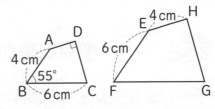

(1)　辺 AB に対応する辺はどれですか。また，
∠F の大きさを求めなさい。

(2)　四角形 ABCD と四角形 EFGH の相似比を求めなさい。

(3)　辺 FG，辺 AD の長さを求めなさい。

2 右の図で，△ABC ∽ △DEF であるとき，辺 AB，
辺 AC の長さを求めなさい。

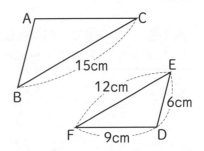

「相似の位置にある」って何?

2つの図形の対応する点どうしを通る直線がすべて1点
O に集まり，O から対応する点までの距離の比がすべて
等しいとき，それらの図形は，O を相似の中心として相
似の位置にあるといいます。

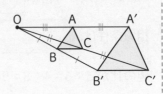

相似の位置にある2つの図形は，相似になります。右上の図の △ABC と △A′B′C′
の相似比は 1:2 です。

例題 の 答　**1** ①3　②1　③C　④60　⑤40　⑥2　⑦1　⑧4　⑨2

三角形の相似条件

まず ココ! ▷ 要点を確かめよう

➡ 2つの三角形は，次の条件のどれかが成り立てば相似です。（三角形の相似条件）
① 3組の辺の比がすべて等しい。
② 2組の辺の比とその間の角がそれぞれ等しい。
③ 2組の角がそれぞれ等しい。

①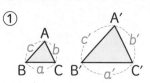

$a : a' = b : b' = c : c'$

②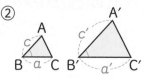

$a : a' = c : c'$
$\angle B = \angle B'$

③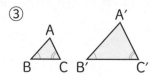

$\angle B = \angle B'$
$\angle C = \angle C'$

つぎ ココ! ▷ 解き方を覚えよう

例題1 次の図で，相似な三角形の組を選び，記号∞を使って表しなさい。また，そのとき使った相似条件をいいなさい。

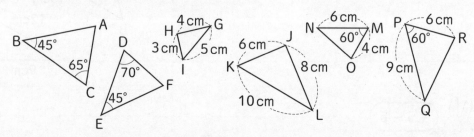

△ABC の残りの角は ①[　　　]° だから，△ABC ∞ △②[　　　　　]

相似条件は，③[　　　　　　　] がそれぞれ等しい。

辺の比が 3：6＝4：8＝5：10＝④[　　]：⑤[　　] だから，△GHI ∞ △⑥[　　　　]

相似条件は，⑦[　　　　　　　] がすべて等しい。

辺の比が 4：6＝6：9＝⑧[　　]：⑨[　　] で，∠M＝∠P だから，△MNO ∞ △⑩[　　　　]

相似条件は，2組の⑪[　　　　] とその⑫[　　　　　] がそれぞれ等しい。

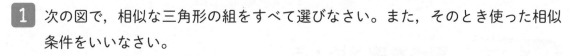

1 次の図で，相似な三角形の組をすべて選びなさい。また，そのとき使った相似
条件をいいなさい。

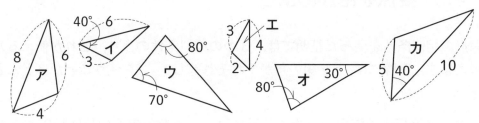

2 次の図において，相似な三角形を記号∽を使って表しなさい。また，そのとき
使った相似条件をいいなさい。

(1)

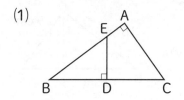

(2)

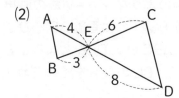

もう一歩

三角形の相似条件と合同条件は似ている？

相似比が1：1の2つの三角形は合同です。つまり，合同は相似の特別な場合なのです。
そこで，三角形の相似条件と合同条件を比較しながら，いっしょに覚えましょう。

〈相似条件〉   〈合同条件〉

3組の辺の比がすべて等しい   ⬅➡   3組の辺がそれぞれ等しい

2組の辺の比とその間の角が   ⬅➡   2組の辺とその間の角がそれぞれ等しい
それぞれ等しい

2組の角がそれぞれ等しい   ⬅➡   1組の辺とその両端の角がそれぞれ等しい

例題の答 **1** ①70 ②DEF ③2組の角 ④1 ⑤2 ⑥LJK ⑦3組の辺の比 ⑧2 ⑨3 ⑩PQR ⑪辺の比 ⑫間の角

42

第5章 図形

三角形の相似と証明

まず ココ！ 要点を確かめよう

➡ 三角形の相似条件を使った証明では，3つの相似条件のうち，どれが使えるか を考えます。実際には，「2組の角がそれぞれ等しい。」を使うことがほとんど です。

➡ 対頂角，平行線の同位角や錯角，共通な角，三角形の内角の和は180° などを 意識して，等しい角を見つけます。

つぎ ココ！ 解き方を覚えよう

例題 1　右の図のような ∠A＝90° の直角三角形 ABC で，
点 A から辺 BC に垂線 AD をひきます。
(1)　△ABC ∽ △DBA となることを証明しなさい。
(2)　AC，BC の長さをそれぞれ求めなさい。

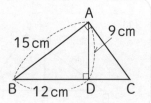

(1)　(証明)　△ABC と △DBA において，

∠BAC＝∠[① _____]＝90° ……① 　∠B は[② _____] ……②

①，②より，[③ _____] がそれぞれ等しいから，△ABC ∽ △DBA

(2)　相似な三角形の対応する辺の[④ _____] は等しいから，

AC：DA＝AB：[⑤ _____]

AC：9＝15：[⑥ _____]　　AC：9＝5：[⑦ _____] ← 右辺の比を簡単にする

4AC＝45　AC＝[⑧ _____] (cm)

また，BC：BA＝BA：[⑨ _____]

BC：15＝15：[⑩ _____]　　BC：15＝5：[⑪ _____] ← 右辺の比を簡単にする

4BC＝75　BC＝[⑫ _____] (cm)

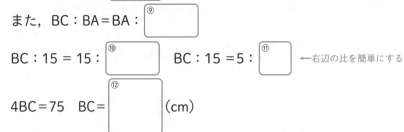

第1章

第2章

第3章

第4章

第5章

第6章

第7章

第8章

基本問題

解答⇒別冊p.14

1 右の図において，∠ABC＝∠ADE です。次の問いに答え
なさい。

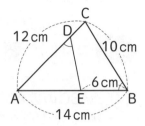

(1) △ADE ∽ △ABC であることを証明しなさい。

（証明）

(2) DE の長さを求めなさい。

直角三角形と相似

例題1 で，△ABC ∽ △DBA を証明しました。では，△DBA
と△DAC も相似でしょうか。証明してみましょう。

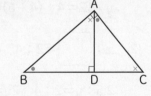

（証明）　∠ADB＝∠CDA＝90° ……①

　△ABD の内角より，∠ABD＋∠BAD＝90° ……②

　また，∠CAD＋∠BAD＝∠BAC＝90° ……③

　②，③より，∠ABD＝∠CAD ……④

　①，④より，2 組の角がそれぞれ等しいから，△DBA ∽ △DAC

よって，△ABC ∽ △DBA ∽ △DAC が成り立ち，直角三角形の 90° の角から
斜辺に垂線をひいてできた 3 つの三角形は相似になります。

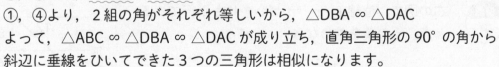

例題の答　**1** ①BDA　②共通　③2組の角　④比　⑤DB　⑥12　⑦4　⑧$\frac{45}{4}$　⑨BD　⑩12　⑪4　⑫$\frac{75}{4}$

43

第5章 図形

平行線と線分の比

まず ココ！ ▸ 要点を確かめよう

→ △ABC の辺 AB，AC 上の点をそれぞれ D，E とするとき，次のことが成り立ちます。
① DE∥BC ならば，AD：AB＝AE：AC＝DE：BC
② DE∥BC ならば，AD：DB＝AE：EC
③ AD：AB＝AE：AC ならば，DE∥BC
④ AD：DB＝AE：EC ならば，DE∥BC

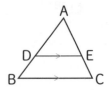

→ 2つの直線が3つの平行な直線 ℓ，m，n と右の図のように交わっているとき，$x：y＝x'：y'$ が成り立ちます。

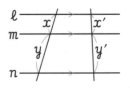

つぎ ココ！ ▸ 解き方を覚えよう

 次の図で，DE∥BC のとき，x，y の値を求めなさい。

(1) 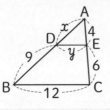　　　(2)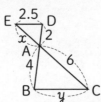

(1) $x：9＝4：$ ①□　②□ $x＝36$　$x＝$ ③□

　　$y：12＝4：(4+6)$　$10y＝48$　$y＝$ ④□

(2) $x：$ ⑤□ $＝2：4$　$4x＝12$　$x＝$ ⑥□

　　$2.5：y＝2：4$　$2y＝10$　$y＝$ ⑦□

（2）のように，点 D，E がそれぞれ辺 AB，AC の延長上にあっても，AD：AB＝AE：AC が成り立つよ。

 右の図で，直線 ℓ，m，n がいずれも平行であるとき，x の値を求めなさい。

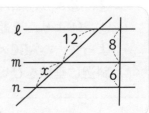

$\ell \parallel m \parallel n$ より，$12：x＝8：$ ①□

$8x＝$ ②□ より，$x＝$ ③□

第1章

第2章

第3章

第4章

第5章

第6章

第7章

第8章

1 右の図の△ABC で，DE // BC です。次の問いに答えなさい。

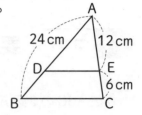

(1) DE : BC を求めなさい。

(2) DB の長さを求めなさい。

2 次の図で，ℓ, m, n はいずれも平行です。x の値を求めなさい。

(1)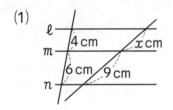

(2)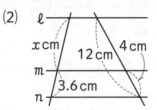

(3)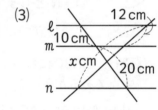

もう一歩

三角形と比の定理の落とし穴？

三角形と比の定理を使う問題で，よくあるミスを紹介しましょう。

右の図で，x の値を求めるとき，AD : DB＝DE : BCと考えて，

8 : 4＝6 : x　 $8x＝24$　 $x＝3$ としていませんか。

図をよく見てください。BC＞DE なのに，BC＝3 ではおかしいですね。これは，辺の比のとり方がまちがっているのです。

正しくは，AD : AB＝DE : BC つまり，8 : (8＋4)＝6 : x

8 : 12＝6 : x　 $x＝9$ となります。

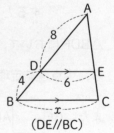

(DE // BC)

例題の答　**1** ①6　②6　③6　④4.8　⑤6　⑥3　⑦5　**2** ①6　②72　③9

44

第5章 図形

中点連結定理

まず ココ！ 要点を確かめよう

→ △ABC の 2 辺 AB，AC の中点をそれぞれ M，N とすると，
MN∥BC，MN=$\frac{1}{2}$BC が成り立ちます。
これを中点連結定理といいます。

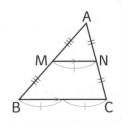

つぎ ココ！ 解き方を覚えよう

例題 1

右の図の △ABC で，辺 AB，AC の中点をそれぞれ
M，N とします。このとき，MN∥BC，MN=$\frac{1}{2}$BC
が成り立つことを証明しなさい。

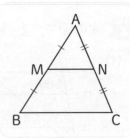

（証明）　△ABC において，点 M，N はそれぞれ辺 AB，AC の
中点であるから，

AM：AB＝AN：AC＝1：$\boxed{①}$　　よって，MN$\boxed{②}$BC

また，MN：BC＝$\boxed{③}$：$\boxed{④}$　　よって，MN＝$\boxed{⑤}$BC

例題 2

右の図のように，△ABC の辺 BA の延長上に BA
＝AD となる点 D をとり，辺 BC を 3 等分する点
を E，F とします。辺 AC と線分 DF の交点を G と
するとき，DG の長さを求めなさい。

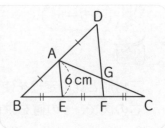

△BDF において，点 A，E はそれぞれ BD，BF の中点だか

ら，中点連結定理より，AE∥DF，DF＝2AE＝$\boxed{①}$（cm）

また，GF$\boxed{②}$AE より，CF：FE＝CG：GA＝1：$\boxed{③}$

よって，△CAE において，中点連結定理より，FG＝$\frac{1}{2}$EA＝$\boxed{④}$cm

DG＝DF－FG＝$\boxed{⑤}$（cm）

第 1 章
第 2 章
第 3 章
第 4 章
第 5 章
第 6 章
第 7 章
第 8 章

基 本 問 題　　解答⇒別冊p.14

1 右の図の△ABC で，点 D，E，F は，それぞれ辺 AB，BC，CA の中点です。△DEF の周の長さを求めなさい。

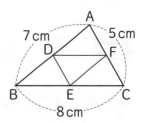

2 AB＝CD である四角形 ABCD の辺 AD，BC，対角線 BD の中点を，それぞれ P，Q，R とするとき，△PQR は二等辺三角形となることを，次のように証明しました。
　　　にあてはまることばや記号を入れなさい。

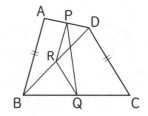

（証明）　△DAB において，点 P，R はそれぞれ辺 DA，DB の中点だから，

　　　　　　　　　定理より，　PR＝　　　　　……①

同様に，△BDC において，RQ＝　　　　　……②

仮定より，AB＝　　　　　……③

①，②，③より，PR＝　　　　　だから，△PQR は二等辺三角形である。

 **もう一歩**

中点と平行線から，別の中点が生まれる

右の図の台形 ABCD で，辺AB の中点を E とし，E から辺 BC に平行な直線をひき，BD，CD との交点をそれぞれ F，G とします。すると，点 F，G はそれぞれ対角線 BD，辺 CD の中点なのです。これは△BAD において，E が BA の中点だから，
BE：EA＝1：1　EF∥AD より，BE：EA＝BF：FD＝1：1
つまり，点 F は BD の中点になります。点 G も同様です。

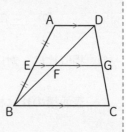

例題の答　**1** ①2　②∥　③1　④2　⑤$\frac{1}{2}$　**2** ①12　②∥　③1　④3　⑤9

99

45 面積比と体積比

まず ココ！ 要点を確かめよう

→ 相似な図形の<u>面積比</u>は，相似比の**2乗**に等しくなります。

→ 相似な立体の<u>表面積の比</u>は，相似比の**2乗**に等しくなります。

→ 相似な立体の<u>体積比</u>は，相似比の**3乗**に等しくなります。

つぎ ココ！ 解き方を覚えよう

右の図で，$\triangle ABC \backsim \triangle A'B'C'$ のとき，次の問いに答えなさい。

(1) $\triangle ABC$ と $\triangle A'B'C'$ の相似比を求めなさい。

(2) $\triangle ABC$ の面積が $12\,\text{cm}^2$ のとき，$\triangle A'B'C'$ の面積を求めなさい。

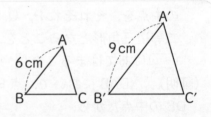

(1) 相似比は，対応する辺の長さの比だから，$AB:A'B'=6:\boxed{①\quad}=\boxed{②\quad}:\boxed{③\quad}$

(2) 面積比は相似比の $\boxed{④\qquad}$ に等しいから，$2^2:\boxed{③\quad}^2=\boxed{⑤\quad}:\boxed{⑥\quad}$

$\triangle A'B'C'$ の面積を $x\,\text{cm}^2$ とすると，$12:x=4:\boxed{⑥\quad}$　$x=\boxed{⑦\qquad}(\text{cm}^2)$

右の図のような2つの相似な三角柱 P, Q があり，それぞれの高さは $10\,\text{cm}$，$6\,\text{cm}$ です。

(1) 三角柱 P と Q の表面積の比を求めなさい。

(2) 三角柱 P と Q の体積比を求めなさい。

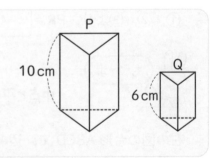

(1) 相似比は，対応する辺の長さの比だから，$10:6=5:\boxed{①\quad}$

表面積の比は相似比の $\boxed{②\qquad}$ に等しいから，$5^2:\boxed{①\quad}^2=\boxed{③\quad}:\boxed{④\quad}$

(2) 体積比は相似比の $\boxed{⑤\qquad}$ に等しいから，$5^3:\boxed{①\quad}^3=\boxed{⑥\qquad}:\boxed{⑦\qquad}$

第1章
第2章
第3章
第4章
第5章
第6章
第7章
第8章

基 本 問 題　解答⇒別冊p.15

1 右の図において，AD＝12 cm，BD＝8 cm，DE∥BC です。
次の問いに答えなさい。

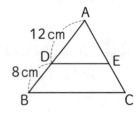

(1)　△ADE と △ABC の面積比を求めなさい。

(2)　△ADE と 台形 DBCE の面積比を求めなさい。

(3)　△ADE の面積が 36 cm² のとき，△ABC の面積を求めなさい。

2 2つの相似な立体 P と Q があり，相似比は 3：2 です。次の問いに答えなさい。

(1)　立体 Q の表面積が 48 cm² であるとき，立体 P の表面積を求めなさい。

(2)　立体 P の体積が 54cm³ であるとき，立体 Q の体積を求めなさい。

もう一歩

円錐の高さを 3 等分したときの体積比は？

右の図のように，円錐を底面に平行な平面で高さを 3 等分して 3 つの部分 P，Q，R に分けたとき，P と Q と R の体積比が 1：8：27 になると思った人は注意しましょう。
P と P＋Q と P＋Q＋R が相似で，相似比は 1：2：3 ですね。
体積比は 1³：2³：3³＝1：8：27 だから，
P：Q：R＝1：(8－1)：(27－8)＝1：7：19 になります。

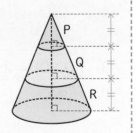

例題の答 **1** ①9　②2　③3　④2乗　⑤4　⑥9　⑦27　**2** ①3　②2乗　③25　④9　⑤3乗　⑥125　⑦27

1 右の図の四角形 ABCD と四角形 EBFG は相似の位置にあります。このとき，∠BEG の大きさと辺 GF の長さを求めなさい。 (7点×2＝14点) ➡ できなければ，p.90 へ

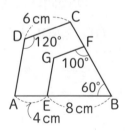

2 次の図において，相似な三角形を見つけて，記号 ∽ を使って表しなさい。また，そのとき使った相似条件をいいなさい。 (8点×2＝16点) ➡ できなければ，p.92 へ

(1)

(2)

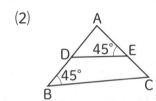

3 右の図で，DE∥BC であるとき，次の問いに答えなさい。
(10点×3＝30点) ➡ できなければ，p.96, 98, 100 へ

(1) AD＝DB，BC＝10 cm のとき，DE の長さを求めなさい。

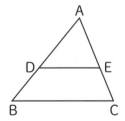

(2) AD：DB＝3：2，BC＝10 cm のとき，DE の長さを求めなさい。

(3) AD：DB＝2：1，△ADE の面積が 32 cm² のとき，台形 DBCE の面積を求めなさい。

⊙ 三角形の相似条件は,「2組の角がそれぞれ等しい。」を使うことが多い。
⊙ 相似な図形の面積比, 相似な立体の体積比はそれぞれ「相似比の2乗, 3乗」と覚えておこう。

4 相似な2つの立体 P, Q があり, 表面積の比は 9：25 です。次の問いに答えなさい。（10点×2＝20点）　→ できなければ, p.100 へ

(1) 立体 P と Q の相似比を求めなさい。

(2) 立体 P の体積が 54 cm^3 のとき, 立体 Q の体積を求めなさい。

5 右の図のように, △ABC の∠A の二等分線と辺 BC との交点を D とします。AD＝DB のとき, △ABC∽△DAC であることを証明しなさい。（20点）　→ できなければ, p.94 へ

（証明）

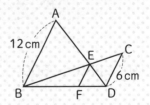

これでレベルアップ

右の図で, AB, CD, EF は平行です。AB＝12 cm, CD＝6 cm のとき, EF の長さを求めてみましょう。

平行線が何本かある場合, 相似な三角形がいくつかできます。さがし出してみましょう。

△ABE∽△DCE より, BE：CE＝AB：DC＝12：6＝2：1

△BEF∽△BCD より, EF：CD＝BE：BC＝2：(2＋1)＝2：3

よって, EF：6＝2：3　EF＝6×2÷3＝4(cm)

46　円周角の定理

第6章　円周角

まず ココ！　要点を確かめよう

➡ 右の図の円Oで，∠APB を $\overset{\frown}{AB}$ に対する円周角（えんしゅうかく）といいます。

➡ 「1つの弧に対する円周角の大きさは一定であり，その弧に対する中心角の大きさの半分である。」という定理を円周角の定理といいます。

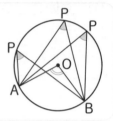

つぎ ココ！　解き方を覚えよう

例題1　次の図で，∠x の大きさを求めなさい。

(1)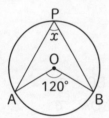

(2)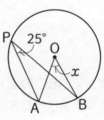

(1)　$\angle x = \dfrac{1}{2} \angle$ ①□ ＝ ②□° $\times \dfrac{1}{2}$ ＝ ③□°　←円周角は中心角の半分

(2)　$\angle x = 2 \angle$ ④□ ＝ ⑤□° $\times 2$ ＝ ⑥□°　←中心角は円周角の2倍

例題2　次の図で，∠x の大きさを求めなさい。

(1)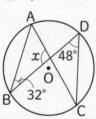

(2)　（ACは直径）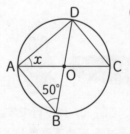

(1)　$\angle BAC = \angle BDC =$ ①□° だから，$\angle x = 180° -$ ①□° $- 32° =$ ②□°
　　　↑$\overset{\frown}{BC}$に対する円周角↑

(2)　$\angle ADC = \dfrac{1}{2} \angle AOC =$ ③□° $\times \dfrac{1}{2} =$ ④□°　←半円の弧に対する円周角は90°

　　　$\angle ACD = \angle ABD =$ ⑤□° だから，$\angle x = 180° -$ ④□° $- 50° =$ ⑥□°
　　　↑$\overset{\frown}{AD}$に対する円周角↑

104

1 次の図で，∠x の大きさを求めなさい。

(1)
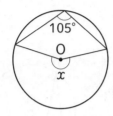

(2)
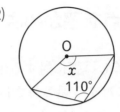

2 次の図で，∠x の大きさを求めなさい。

(1)
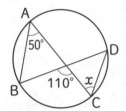

(2)　　　　　　　　　　　　（ACは直径）
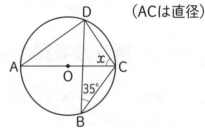

(3)
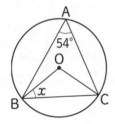

(4)
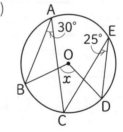

 もう一歩

「円周角は中心角の半分」を確かめる

円周角の定理は，三角形の内角と外角の性質を使って証明することができます。これを図で表すと，次の①～③のようになります。

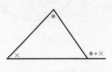

①

②

③

どの場合も「円周角の大きさは中心角の大きさの半分」になっていますね。

例 題 の 答　**1** ①AOB ②120 ③60 ④APB ⑤25 ⑥50　**2** ①48 ②100 ③180 ④90 ⑤50 ⑥40

円周角と弧

➡️ 「1つの円で，等しい弧に対する中心角の大きさは等しく，等しい中心角に対する弧の長さは等しい。」ことと円周角の定理から，次のことがいえます。

➡️ 1つの円で，等しい弧に対する円周角は等しく，等しい円周角に対する弧の長さは等しい。

例題 1 　右の図で，$\overset{\frown}{AB}=\overset{\frown}{BC}=\overset{\frown}{CD}$ のとき，$\angle x$，$\angle y$ の大きさを求めなさい。

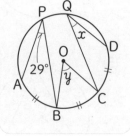

$\overset{\frown}{AB}=\overset{\frown}{CD}$ より，$\angle APB=\angle$ ①[　　　] だから，

$\angle x=$ ②[　　　]$^\circ$

$\overset{\frown}{AB}=\overset{\frown}{BC}$ より，$\angle BOC=2\angle$ ③[　　　] だから，

$\angle y=$ ②[　　　]$^\circ \times 2=$ ④[　　　]$^\circ$

例題 2 　右の図で，A，B，C，D，E，F は円 O の周を6等分する点です。$\angle x$，$\angle y$ の大きさを求めなさい。

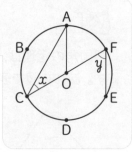

A〜F は円周を6等分する点だから，$\angle AOF=360^\circ \div 6=$ ①[　　　]$^\circ$

$\angle x$ は $\overset{\frown}{AF}$ に対する円周角だから，

$\angle x=\dfrac{1}{2}\angle AOF=$ ②[　　　]$^\circ \times \dfrac{1}{2}=$ ③[　　　]$^\circ$

$\angle y$ を2つの円周角に分けると，$\angle y=\angle CFD+\angle$ ④[　　　] となります。

$\overset{\frown}{AF}=\overset{\frown}{CD}=\overset{\frown}{DE}$ だから，$\angle x=\angle CFD=\angle$ ④[　　　]

$\angle y=$ ③[　　　]$^\circ +$ ③[　　　]$^\circ =$ ⑤[　　　]$^\circ$

第1章
第2章
第3章
第4章
第5章
第6章
第7章
第8章

基本問題

解答⇒別冊p.16

1 右の図で，$\overset{\frown}{AB}=\overset{\frown}{AD}$ のとき，∠x の大きさを求めなさい。

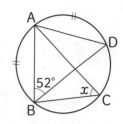

2 右の図で，A, B, C, D, E, F, G, H は円周を 8 等分する点です。∠x，∠y，∠z の大きさを求めなさい。

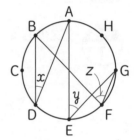

平行な弦と弧

右の図で，2 つの弦 AB，CD が平行のとき，$\overset{\frown}{AC}=\overset{\frown}{BD}$ になることを，円周角と弧の定理を使って，次のように証明することができます。

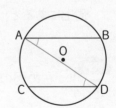

（証明）　A と D を結ぶと，AB∥CD だから，

　　∠ADC＝∠BAD（錯角）

$\overset{\frown}{AC}$ に対する円周角と，$\overset{\frown}{BD}$ に対する円周角が等しいから，

　　$\overset{\frown}{AC}=\overset{\frown}{BD}$

例題の答　**1** ①CQD　②29　③APB　④58　**2** ①60　②60　③30　④DFE　⑤60

円周角の定理の逆

まず ココ！ 要点を確かめよう

➡ 4点 A，B，P，Q について，P，Q が直線 AB について同じ側にあって，∠APB＝∠AQB ならば，この4点は1つの円周上にあります。このことを，円周角の定理の逆といいます。

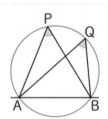

つぎ ココ！ 解き方を覚えよう

 例題 1

次の図で，4点 A，B，C，D は同じ円周上にあるといえますか。

(1)
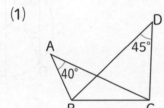

(2)
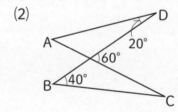

(1) 点 A，D は直線 BC について同じ側にあるが，∠A と∠ $\boxed{①}$ は同じ大きさでないので，4点は同じ円周上にあるとは $\boxed{②}$ 。

(2) ∠A＝60°－ $\boxed{③}$ °＝ $\boxed{④}$ ° だから，∠A＝∠ $\boxed{⑤}$

点 A，B は直線 CD について同じ側にあり，∠A＝∠ $\boxed{⑤}$ だから，4点は同じ円周上にあると $\boxed{⑥}$ 。

 例題 2

右の図の四角形 ABCD で，∠x の大きさを求めなさい。

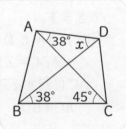

点 A，B が直線 CD について同じ側にあり，∠CAD＝∠ $\boxed{①}$

だから，4点 A，B，C，D は同じ $\boxed{②}$ 上にあります。

よって，∠x＝∠ $\boxed{③}$ ＝ $\boxed{④}$ °

基 本 問 題

解答⇒別冊p.16

1 次の図で，4点 A，B，C，D は同じ円周上にあるといえますか。

(1)

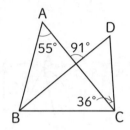

(2)

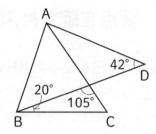

2 右の図の四角形 ABCD で，∠x，∠y の大きさを求めな さい。

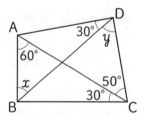

もう一歩

円の内部・周上・外部の点

ある点が円の内部，円周上，円の外部のどれかにあるかは，次の図のように角の 大小を比べるとわかります。

⑦ ∠APB > ∠ACB

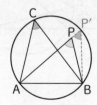

円の内部

① ∠APB ＝ ∠ACB

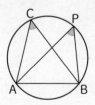

円周上

⑦ ∠APB < ∠ACB

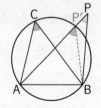

円の外部

例題の答 **1** ①D ②いえない ③20 ④40 ⑤B ⑥いえる **2** ①CBD ②円周 ③ACB ④45

49 円周角の定理と証明

まず ココ！ 要点を確かめよう

→ 円周角の定理は，円を使った図形の<u>証明問題</u>に利用できます。

→ 三角形の相似を証明するには「2組の角がそれぞれ等しい。」
ことをいえばよいので，円周角の定理がよく利用されます。

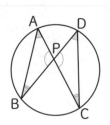

つぎ ココ！ 解き方を覚えよう

例題 1

右の図のように，2つの弦 AB，CD が点 E で交わって
います。このとき，△ACE ∽ △DBE であることを証明
しなさい。

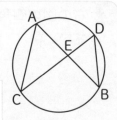

（証明） △ACE と △DBE において，

対頂角は等しいから，

∠AEC＝∠［① ］ ……①

$\overset{\frown}{CB}$ に対する ［② ］ は等しいから，

∠A＝∠［③ ］ ……② ←$\overset{\frown}{AD}$ に対する円周角ならば，∠C＝∠B になる

①，②より，2組の［④ ］ がそれぞれ等しいから，△ACE ∽ △DBE

例題 2

右の図で，△ABE ∽ △ACD であることを証明し
なさい。

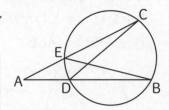

（証明） △ABE と △ACD において，

∠［① ］ は共通 ……①

$\overset{\frown}{DE}$ に対する ［② ］ は等しいから，

∠ABE＝∠［③ ］ ……②

①，②より，2組の［④ ］ がそれぞれ等しいから，△ABE ∽ △ACD

第1章
第2章
第3章
第4章
第5章
第6章
第7章
第8章

1 右の図で，A，B，C，D は円周上の点で，$\overparen{AB}=\overparen{AC}$ です。弦 AD と弦 BC との交点を P とするとき，△ADB ∽ △ABP となることを証明しなさい。

（証明）

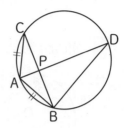

2 右の図のように，点 O を中心とする円 O の周上に 4 つの点 A，B，C，D があり，線分 AC はその円の直径です。また，点 A から線分 BD に垂線をひき，BD との交点を E とします。このとき，△ABC ∽ △AED となることを，次のように証明しました。□にあてはまることばや記号や数を入れなさい。

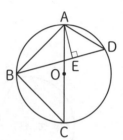

（証明）　△ABC と △AED において，

$\overparen{AB}$ に対する □ は等しいから，∠BCA＝∠□ ……①

AC は □ だから，∠ABC＝90°

AE⊥BD だから，∠AED＝□°

よって，∠ABC＝∠□ ……②

①，②より，2 組の □ がそれぞれ等しいから，△ABC ∽ △AED

もう一歩

円周角の定理を使って，辺の長さを求めよう

右の図で，x の値は，2 つの三角形 △ACP と △DBP が相似であることがいえれば，辺の比から求めることができますね。この相似の証明に，円周角の定理が力を発揮します！

∠A と ∠D はともに $\overparen{BC}$ に対する円周角だから，∠A＝∠D
∠C と ∠B はともに $\overparen{AD}$ に対する円周角だから，∠C＝∠B
よって，2 組の角がそれぞれ等しいから，△ACP ∽ △DBP
これより，AC：DB＝CP：BP　6：3＝x：4　3×x＝6×4　x＝8

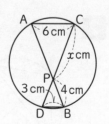

1 次の図で，∠x の大きさを求めなさい。(8点×6 = 48点)　→ できなければ，p.104 へ

(1)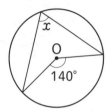

(2)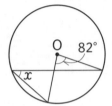

(3)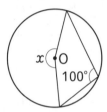

(4)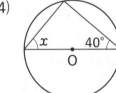

(5)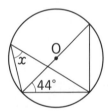

(6)

2 次の図で，∠x の大きさを求めなさい。(10点×2 = 20点)　→ できなければ，p.106 へ

(1)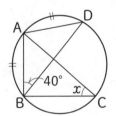

(2)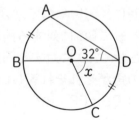

得点UP アドバイス
⊙ 半円の弧に対する円周角は直角（90°）になることを覚えておこう。
⊙ 等しい弧があるときは，等しい円周角や中心角を見つけよう。
⊙ 円周角の定理を使った証明問題では，等しい角に印をつけてから考えていこう。

3 次の図で，4点A，B，C，Dは同じ円周上にあるといえますか。(10点×2＝20点)

→ できなければ，p.108 へ

(1)
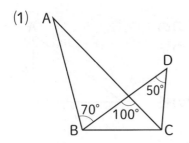

(2)
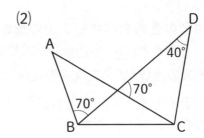

4 右の図で，A，B，C，Dは円周上の点で，AB＝ADです。弦AC，BDの交点をEとするとき，△ABC∽△AEBであることを証明しなさい。(12点)

→ できなければ，p.110 へ

（証明）

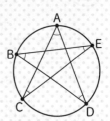

これで レベルアップ

右の図のように，円周上に5点A，B，C，D，Eをとってできる星形の図形で，∠A～∠Eの5つの角の和が180°になることを，円周角の定理を使って説明してみましょう。

（説明）∠A，∠B，∠C，∠D，∠Eはそれぞれ $\overset{\frown}{CD}$，$\overset{\frown}{DE}$，$\overset{\frown}{EA}$，$\overset{\frown}{AB}$，$\overset{\frown}{BC}$ に対する円周角になっている。
円の中心角は360°で，$\overset{\frown}{CD}+\overset{\frown}{DE}+\overset{\frown}{EA}+\overset{\frown}{AB}+\overset{\frown}{BC}$ は円の円周だから，
∠A＋∠B＋∠C＋∠D＋∠E＝$360°×\frac{1}{2}$＝180° となる。

第7章 三平方の定理

三平方の定理

まず ココ！ **要点を確かめよう**

→ 直角三角形の直角をはさむ2辺の長さを a，b，斜辺の長さを c とすると，$a^2+b^2=c^2$ が成り立ちます。この定理を三平方の定理（ピタゴラスの定理）といいます。

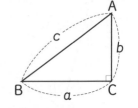

→ 三平方の定理を使うと，2辺の長さから残りの1辺の長さを求めることができます。

→ 三平方の定理では，その逆も成り立ちます。
△ABC で，$a^2+b^2=c^2$ ならば，△ABC は c を斜辺とする直角三角形

つぎ ココ！ **解き方を覚えよう**

例題 1 次の図の直角三角形で，x の値を求めなさい。

(1)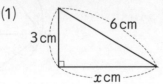
3 cm　6 cm　x cm

(2)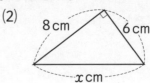
8 cm　6 cm　x cm

(1) $\boxed{①}^2 + x^2 = \boxed{②}^2$　$x^2 = \boxed{③}$　$x>0$ だから，$x = \boxed{④}$　←$a\sqrt{b}$ の形にする

直角をはさむ2辺　斜辺

(2) $8^2 + \boxed{⑤}^2 = x^2$　$x^2 = \boxed{⑥}$　$x>0$ だから，$x = \boxed{⑦}$

直角をはさむ2辺　斜辺

例題 2 次の長さを3辺とする三角形が直角三角形かどうかを調べなさい。
(1) 3 cm，6 cm，7 cm　(2) $2\sqrt{5}$ cm，4 cm，6 cm

(1) $3^2+6^2=9+\boxed{①}=\boxed{②}$，$7^2=\boxed{③}$ だから，この三角形は直角三角形

で $\boxed{④}$ 。

最も長い辺

(2) $(2\sqrt{5})^2=\boxed{⑤}$，$4^2=16$，$6^2=36$ だから，最も長い辺は $\boxed{⑥}$ cmです。

$\boxed{⑤}+16=\boxed{⑦}$ だから，この三角形は直角三角形で $\boxed{⑧}$ 。

1 次の図の直角三角形で，x の値を求めなさい。

(1)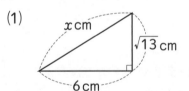

(2)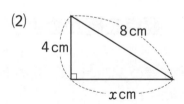

2 次の長さを3辺とする三角形が直角三角形かどうかを調べなさい。

(1) 2 cm，3 cm，4 cm

(2) $\sqrt{2}$ cm，$\sqrt{5}$ cm，$\sqrt{7}$ cm

(3) $2\sqrt{3}$ cm，$2\sqrt{7}$ cm，$3\sqrt{2}$ cm

(4) 12 cm，13 cm，5 cm

 もう一歩

3辺の長さで，三角形の種類がわかる

三角形の3辺の長さから，三角形の種類を分類することができます。

三角形の3辺の長さを a，b，c とするとき，次のように，三角形を3つに分類できます。

⑦ $a^2+b^2>c^2$ ならば，
鋭角三角形
┗0°より大きく90°未満

⑦ $a^2+b^2=c^2$ ならば，
直角三角形
┗90°

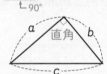

⑦ $a^2+b^2<c^2$ ならば，
鈍角三角形
┗90°より大きく180°未満

まず ココ！ 要点を確かめよう

➡ 1組の三角定規の3辺の比は，次のようになっています。

⑦ 3つの角が45°，45°，90°のとき，1：1：$\sqrt{2}$

⑦ 3つの角が30°，60°，90°のとき，1：$\sqrt{3}$：2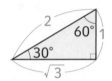

➡ 2点 A(a, b)，B(c, d) 間の距離は，AB＝$\sqrt{(a-c)^2+(b-d)^2}$ で求めます。

つぎ ココ！ 解き方を覚えよう

 例題 1　次の図の △ABC で，x，y の値を求めなさい。

(1) 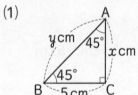　　(2)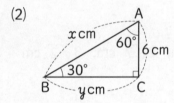

(1) △ABC は 45°の内角を2つもつ直角三角形だから，3辺の比は，

AC：BC：AB＝1：①□：②□　よって，x＝③□，y＝④□

(2) △ABC は 30°，60°の内角をもつ直角三角形だから，3辺の比は，

AC：BC：AB＝1：⑤□：⑥□　よって，x＝⑦□，y＝⑧□

 例題 2　2点 A(5, 3)，B(2, 1) 間の距離を求めなさい。

右の図のように，AB を斜辺とする直角三角形 ABC をつくると，$AB^2＝BC^2＋AC^2$ が成り立つから，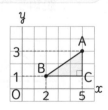

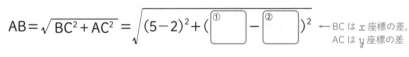

AB＝$\sqrt{BC^2+AC^2}$＝$\sqrt{(5-2)^2+(①□-②□)^2}$ ←BC は x 座標の差，AC は y 座標の差

＝$\sqrt{3^2+③□^2}$＝$\sqrt{9+④□}$＝$\sqrt{⑤□}$

基 本 問 題　解答⇒別冊p.17

1 1組の三角定規を，右の図のように並べました。
AC＝10 cm のとき，次の辺の長さを求めなさい。

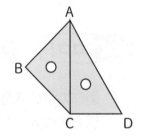

(1)　AB

(2)　CD

(3)　AD

2 次の座標をもつ2点間の距離を求めなさい。

(1)　A(6, 4), B(4, −1)

(2)　C(5, 3), D(−2, −3)

　もう一歩

3辺の長さが整数値になる直角三角形

直角三角形の中には，次の図のように，3辺の長さがすべて整数値になる場合があります。次の4つは覚えておくと便利ですよ。（このような数の組をピタゴラス数といい，無数にあります。）

　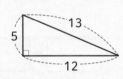　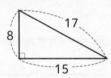　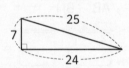

例 題 の 答　**1** ①1　②$\sqrt{2}$　③5　④$5\sqrt{2}$　⑤$\sqrt{3}$　⑥2　⑦12　⑧$6\sqrt{3}$　**2** ①3　②1　③2　④4　⑤13

52

第7章 三平方の定理

平面図形への利用 ②

まず ココ！〉 要点を確かめよう

➡ 図形の中に直角三角形を見つけると，三平方の定理を使って，線分の長さや面積を求めることができます。

➡ ㋐ 長方形の対角線の長さ

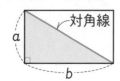

$\sqrt{a^2+b^2}$

㋑ 正三角形の高さ

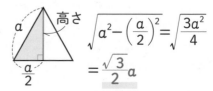

$$\sqrt{a^2-\left(\frac{a}{2}\right)^2}=\sqrt{\frac{3a^2}{4}}$$
$$=\frac{\sqrt{3}}{2}a$$

つぎ ココ！〉 解き方を覚えよう

 例題1 右の図の長方形 ABCD の対角線 AC の長さを求めなさい。

△ABC で ∠[①⬚]＝90°だから，

$AC = \sqrt{AB^2 + BC^2}$ ←$AB^2 + BC^2 = AC^2$

$= \sqrt{[②⬚]^2 + [③⬚]^2} = \sqrt{[④⬚] + [⑤⬚]} = \sqrt{[⑥⬚]} = [⑦⬚]$ (cm)

 例題2 右の図の正三角形 ABC の高さ AH と面積を求めなさい。

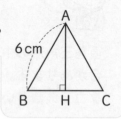

点 H は辺 BC の中点だから，BH＝[①⬚] cm ←$BH = \frac{1}{2}BC$

△ABH で ∠AHB＝90°だから，

$AH = \sqrt{AB^2 - BH^2}$ ←$AH^2 + BH^2 = AB^2$

$= \sqrt{[②⬚]^2 - [③⬚]^2} = \sqrt{[④⬚] - [⑤⬚]} = \sqrt{[⑥⬚]} = [⑦⬚]$ (cm)

面積は，$△ABC = \frac{1}{2} \times BC \times AH = \frac{1}{2} \times 6 \times [⑦⬚] = [⑧⬚]$ (cm²)
　　　　　　　　　　└底辺 └高さ

基本問題

解答⇒別冊p.17

1 右の図の正方形 ABCD の対角線 AC の長さを求めなさい。

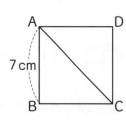

2 右の図の正三角形 ABC の高さ AH と面積を求めなさい。

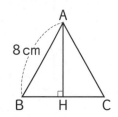

3 右の図の二等辺三角形 ABC の高さ AH と面積を求めなさい。

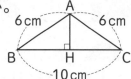

正三角形の面積を求める公式

正三角形の面積を求めるときは，まず底辺の長さと高さを求め，次に三角形の面積の公式を使って求めます。

でも，1辺の長さから直接面積を求めることができたら，とっても便利ですよね？

1辺が a の正三角形 ABC の高さ AH は，三平方の定理を使うと

$\frac{\sqrt{3}}{2}a$ とわかるので，面積は，

$$\triangle ABC=\frac{1}{2}\times BC\times AH=\frac{1}{2}\times a\times\frac{\sqrt{3}}{2}a=\frac{\sqrt{3}}{4}a^2$$ となります。

公式として，ぜひ覚えておきましょう。

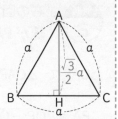

例題の答　**1** ①B　②6　③8　④36　⑤64　⑥100　⑦10　**2** ①3　②6　③3　④36　⑤9　⑥27　⑦$3\sqrt{3}$　⑧$9\sqrt{3}$

53

第7章 三平方の定理

平面図形への利用 ③

まず ココ！ 要点を確かめよう

→ 図形の中に直角三角形を見つけると，三平方の定理を使って，円の弦の長さや円の接線の長さを求めることができます。

→ ⑦ 円の弦の長さ

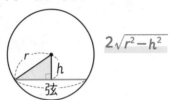

$2\sqrt{r^2 - h^2}$

④ 円の接線の長さ

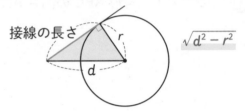

$\sqrt{d^2 - r^2}$

つぎ ココ！ 解き方を覚えよう

 右の図のように，半径 6 cm の円 O で，中心 O からの距離 OH が 3 cm である弦 AB の長さを求めなさい。

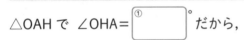

△OAH で ∠OHA = [①   ]° だから，

$AH = \sqrt{OA^2 - OH^2}$ ←$OH^2 + AH^2 = OA^2$

$= \sqrt{\boxed{②}^2 - \boxed{③}^2} = \sqrt{\boxed{④} - \boxed{⑤}} = \sqrt{\boxed{⑥}} = \boxed{⑦}$ (cm)

H は AB の中点だから，

$AB = 2 \times AH = 2 \times \boxed{⑦} = \boxed{⑧}$ (cm)

 右の図で，A を接点とする半径 3 cm の円 O の接線が PA のとき，接線の長さ PA を求めなさい。

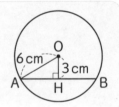

△OAP で ∠OAP = [①   ]° だから，

$PA = \sqrt{OP^2 - OA^2}$ ←$OA^2 + PA^2 = OP^2$

$= \sqrt{\boxed{②}^2 - \boxed{③}^2} = \sqrt{\boxed{④} - \boxed{⑤}} = \sqrt{\boxed{⑥}} = \boxed{⑦}$ (cm)

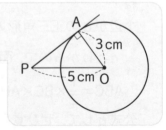

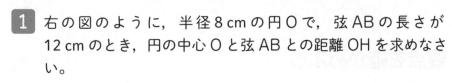

1 右の図のように，半径8cmの円Oで，弦ABの長さが12cmのとき，円の中心Oと弦ABとの距離OHを求めなさい。

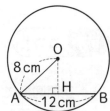

2 右の図のように，Aを接点とする半径4cmの円Oの接線PAの長さが7cmのとき，円の中心Oと点Pとの間の距離OPを求めなさい。

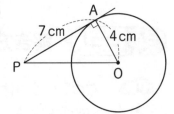

もう一歩

球の切り口の円の直径の求め方

円の弦の長さや接線の長さは，その図形の中に直角三角形を見つけ，三平方の定理を使って求めることができましたね。

同様にして，右の図のような，球をある平面で切ったときの切り口の円の直径は，次のようにして求めることができます。

△AO′Oで ∠AO′O＝90°だから， $AO'^2 + OO'^2 = AO^2$

よって， $AO' = \sqrt{5^2 - 2^2} = \sqrt{25 - 4} = \sqrt{21}$ (cm)

円O′の直径AB＝2AO′だから， $AB = 2\sqrt{21}$ cm

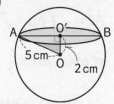

例題の答 **1** ①90 ②6 ③3 ④36 ⑤9 ⑥27 ⑦$3\sqrt{3}$ ⑧$6\sqrt{3}$ **2** ①90 ②5 ③3 ④25 ⑤9 ⑥16 ⑦4

121

54

空間図形への利用 ①

まず ココ！ 要点を確かめよう

➡ 空間図形でも，図形の中に直角三角形を見つけると，三平方の定理を使って，線分の長さや体積を求めることができます。

➡ ⑦ 直方体の対角線の長さ

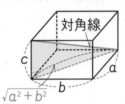

$$\sqrt{(a^2+b^2)+c^2}$$
$$=\sqrt{a^2+b^2+c^2}$$

④ 正四角錐の高さ

$$\sqrt{b^2-\left(\frac{\sqrt{2}}{2}a\right)^2}$$
$$=\sqrt{b^2-\frac{a^2}{2}}$$

つぎ ココ！ 解き方を覚えよう

例題1

右の図の直方体で，BF＝3 cm，FG＝5 cm，GH＝4 cmのとき，対角線 BH の長さを求めなさい。

△BFH で ∠BFH＝①[ ]° だから，

$$BH = \sqrt{BF^2+FH^2} = \sqrt{BF^2+\left(FG^2+②[\quad]^2\right)}$$

$$= \sqrt{3^2+5^2+③[\quad]^2} = \sqrt{9+25+④[\quad]} = \sqrt{⑤[\quad]} = ⑥[\quad] (cm)$$

例題2

右の図は，底面が1辺6 cmの正方形で，他の辺が7 cmの正四角錐です。この正四角錐の高さ OH の長さを求めなさい。

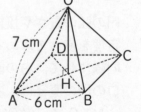

$$AC = \sqrt{2}\ AB = \sqrt{2}\times①[\quad] = ②[\qquad](cm)\ \leftarrow AB:AC=1:\sqrt{2}$$

だから，$AH = \frac{1}{2}AC = \frac{1}{2}\times②[\qquad] = ③[\qquad](cm)\ \leftarrow$Hは対角線 AC の中点

△OAH で ∠OHA＝④[ ]° だから，

$$OH = \sqrt{OA^2-AH^2} = \sqrt{7^2-\left(③[\quad]\right)^2} = \sqrt{49-⑤[\quad]} = \sqrt{⑥[\quad]}(cm)$$

基本問題
解答⇒別冊p.18

1 1辺が5cmの立方体の対角線の長さを求めなさい。

2 右の図は，底面が1辺8cmの正方形で，他の辺が9cmの正四角錐です。次の問いに答えなさい。

(1) この正四角錐の高さOHを求めなさい。

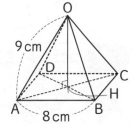

(2) この正四角錐の体積を求めなさい。

もう一歩

正四角錐の側面積の求め方

基本問題2の正四角錐の側面積も，図の中に直角三角形を見つけて，三平方の定理を使って求めることができます。

側面は右の図のような二等辺三角形なので，高さを$x$cmとすると，

$4^2+x^2=9^2$ から，$x=\sqrt{9^2-4^2}=\sqrt{81-16}=\sqrt{65}$

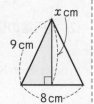

よって，この二等辺三角形の面積は，$\frac{1}{2}\times8\times\sqrt{65}=4\sqrt{65}$（cm²）

側面積は，$4\sqrt{65}\times4=16\sqrt{65}$（cm²）になります。

線分の長さや面積・体積を求めるときは，図の中に直角三角形を見つけましょう！

例題の答　**1** ①90 ②GH ③4 ④16 ⑤50 ⑥$5\sqrt{2}$　**2** ①6 ②$6\sqrt{2}$ ③$3\sqrt{2}$ ④90 ⑤18 ⑥31

55

第7章 三平方の定理

空間図形への利用 ②

まず ココ! 要点を確かめよう

→ 円錐（えんすい）の高さと体積も，円錐の中に直角三角形を見つけると，三平方の定理を使って求めることができます。

→ 右の図の円錐の高さは，$\sqrt{a^2 - r^2}$

体積は，$\dfrac{1}{3} \times$（底面の円の面積）×（高さ）$= \dfrac{1}{3} \pi r^2 \sqrt{a^2 - r^2}$

つぎ ココ! 解き方を覚えよう

例題 1
右の図は，底面の半径が 3 cm，母線の長さが 9 cm の円錐の見取図と展開図です。

(1) この円錐の高さ PO を求めなさい。

(2) この円錐の体積を求めなさい。

(3) この円錐の側面積を求めなさい。

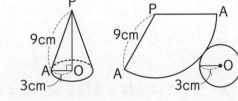

(1) △POA で ∠POA = [①   ]° だから，

$$PO = \sqrt{PA^2 - \boxed{②}^2}$$

$$= \sqrt{\boxed{③}^2 - \boxed{④}^2} = \sqrt{\boxed{⑤} - \boxed{⑥}} = \sqrt{\boxed{⑦}} = \boxed{⑧} \ (cm)$$

(2) （円錐の体積）$= \dfrac{1}{3} \times$（底面の円の面積）×（高さ） だから，

$$\dfrac{1}{3} \times \pi \times 3^2 \times \boxed{⑧} = \boxed{⑨} \ (cm^3)$$

(3) 側面は，半径が [⑩   ] cm のおうぎ形になります。

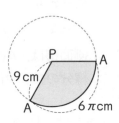

（おうぎ形の面積）=（円の面積）× $\dfrac{（底面の半径）}{（母線の長さ）}$ だから，

$$\pi \times \boxed{⑩}^2 \times \dfrac{3}{\boxed{⑩}} = \pi \times \boxed{⑪} \times \boxed{⑫} = \boxed{⑬} \ (cm^2)$$

約分

1 右の図は，底面の半径が 6 cm，母線の長さが 10 cm の円錐
です。次の問いに答えなさい。

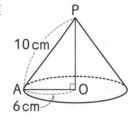

(1) この円錐の高さ PO を求めなさい。

(2) この円錐の体積を求めなさい。

(3) 右の図は，この円錐の展開図です。表面積を
求めなさい。

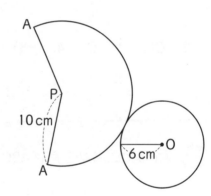

回転体の体積の求め方

右の図のように，直角三角形 ABC を辺 AC を軸として1回
転させたときにできる立体は円錐になりますね。このような
立体は回転体といいます。1年生のときに習いましたね。
この回転体の体積や表面積も，直角三角形 ABC の3辺の
うちの2辺の長さがわかれば，例題や基本問題と同じよ
うに求めることができます。

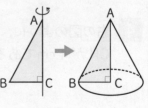

1 次の図の直角三角形で，x の値を求めなさい。（10点×2 = 20点）

➡できなければ，p.114 へ

(1)
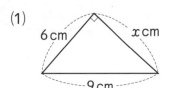

(2)
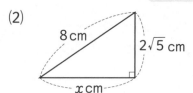

2 次の座標をもつ2点間の距離を求めなさい。（10点×2 = 20点）
➡できなければ，p.116 へ

(1)　A(3，4)，B(−1，2)

(2)　C(5，2)，D(−4，−3)

3 右の図の二等辺三角形 ABC の高さ AH と面積を求めなさい。

（10点×2 = 20点）
➡できなければ，p.118 へ

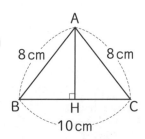

4 右の図のように，半径7cm の円 O で，中心 O からの距離 OH が4cm である弦 AB の長さを求めなさい。（10点）

➡できなければ，p.120 へ

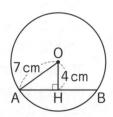

第1章

第2章

第3章

第4章

第5章

第6章

第7章

第8章

得点UP
アドバイス

- 図形の中に直角三角形を見つけ，三平方の定理を利用しよう。
- 対角線の長さや正三角形の高さなどの求め方は，公式として覚えておこう。
- 相似や円と組み合わせた問題が入試によく出題されるので，練習しておこう。

5 縦 4 cm，横 6 cm，高さ 7 cm の直方体の対角線の長さを求めなさい。(10点)

→できなければ，p.122 へ

6 右の図は，底面の半径が 6 cm，母線の長さが 12 cm の円錐です。
次の問いに答えなさい。(10点×2 = 20点)　→できなければ，p.124 へ

(1) この円錐の高さ PO を求めなさい。

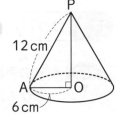

(2) この円錐の体積を求めなさい。

これで　レベルアップ

右の図のような，底辺も高さもわからない△ABC の面積を，
三平方の定理を利用して求めてみましょう。

△ABC ＝ $\frac{1}{2}$ × BC × AH だから，BC と AH の長さがわかればよい
のです。

△AHC は 30°，60° の角をもつ直角三角形だから，3 辺の比は，

AH：HC：AC ＝ $\sqrt{3}$：1：2

AC ＝ $4\sqrt{3}$ cm だから，AH ＝ 6 cm，HC ＝ $2\sqrt{3}$ cm になります。

また，△AHB は 45°，45° の角をもつ直角三角形だから，BH ＝ AH ＝ 6 cm

よって，△ABC ＝ $\frac{1}{2}$ ×（6＋$2\sqrt{3}$）× 6 ＝ 18＋$6\sqrt{3}$（cm²）になります。

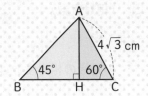

56

データの整理 1・2年

 まず ココ！ **要点を確かめよう**

- ➡️ データの分布のようすは，**度数分布表**や**ヒストグラム**に表すとよくわかります。
- ➡️ 各階級の度数の，全体に対する割合を**相対度数**といいます。
- ➡️ （データの値の合計）÷（データの個数）で求めた値を**平均値**，データの値を大きさの順に並べたときの中央の値を**中央値**（メジアン），データの中で最も個数の多い値を**最頻値**（モード）といいます。

つぎ ココ！ **解き方を覚えよう**

例題 1

右の度数分布表は，ある学校の女子30人の垂直とびの記録をまとめたものです。次の問いに答えなさい。

(1) 記録が30cmの人はどの階級に入りますか。

(2) 記録が40cm以上の生徒は何人いますか。

(3) 30cm以上35cm未満の階級の相対度数を求めなさい。

(4) 中央値はどの階級に入っていますか。

階級(cm)	度数(人)
以上　未満	
25～30	2
30～35	6
35～40	10
40～45	7
45～50	5
計	30

(1) ①[　　　]cm 以上 ②[　　　]cm 未満の階級

(2) 40cm以上45cm未満の階級は7人，45cm以上50cm未満の

階級は5人だから，7+5=③[　　　]（人）

(3) （相対度数）＝$\dfrac{（その階級の度数）}{（度数の合計）}$ より，30cm以上35cm未満

の階級の相対度数は，$\dfrac{④[\quad]}{30}$＝⑤[　　　]

(4) 合計30人いるから，記録を高い順に並べたときに，⑥[　　　]番目と⑦[　　　]番目

の人の記録の平均値が中央値となります。

どちらも⑧[　　　]cm以上⑨[　　　]cm未満の階級なので，中央値もこの階級に

入っています。

「●以上■未満」の階級は，●はふくみ，■はふくまないよ。

第1章
第2章
第3章
第4章
第5章
第6章
第7章
第8章

基 本 問 題　解答⇒別冊p.19

1 右のヒストグラムは，あるクラスの生徒が日曜日に家庭学習をした時間を表したものです。次の問いに答えなさい。

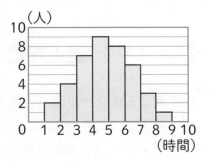

(1) このクラスの生徒の人数は何人ですか。

(2) 度数が最も大きい階級について，その相対度数を四捨五入によって小数第2位まで求めなさい。

2 右の表は，あるクラスの生徒の小テストの得点を表したものです。次の問いに答えなさい。

得点(点)	4	5	6	7	8	9	10
人数(人)	2	2	8	6	4	2	1

(1) 得点の平均値を求めなさい。

(2) 得点の中央値を求めなさい。

(3) 得点の最頻値を求めなさい。

例 題 の 答　**1** ①30　②35　③12　④6　⑤0.2　⑥15　⑦16　⑧35　⑨40

57

第8章 データの活用

確 率 2年

まず ココ！ 要点を確かめよう

→ 起こる場合が全部で n 通りあり，そのどれが起こることも **同様に確からしい** と します。このうち，ことがら A の起こる場合が a 通りであるとき，

ことがら A の起こる確率 p は， $p = \dfrac{a}{n}$（$0 \leqq p \leqq 1$）

→ ことがら A の起こる確率を p とするとき，A の起こらない確率は， $1-p$

つぎ ココ！ 解き方を覚えよう

例題 1　1 つのさいころを投げるとき，次の確率を求めなさい。
(1) 偶数の目が出る確率 　　　(2) 6 の約数の目が出る確率

起こりうる目の出方は，全部で 1，2，3，4，5，6 の ① ⬚ 通りあり，どの場合が起こることも 同様に確からしい。

└ どの目が出ることも同じ程度に期待されるということ

(1) 偶数の目は，2，② ⬚，6 の ③ ⬚ 通りあります。求める確率は ④ ⬚

(2) 6 の約数の目は，1，⑤ ⬚，3，⑥ ⬚ の ⑦ ⬚ 通りあります。求める確率は ⑧ ⬚

例題 2　3 枚の硬貨を同時に投げるとき，2 枚が表で 1 枚が裏になる確率を求めなさい。

3 枚の硬貨を A，B，C と区別し，表を㋜，裏を㋟として，起こるすべての場合を ① ⬚ に表すと，右のようになります。

3 枚の硬貨の表裏の出方は，全部で ② ⬚ 通りあります。

このうち，2 枚が表で 1 枚が裏となる出方は，

(㋜，㋜，㋟)，(㋜，㋟，㋜)，(㋟，㋜，㋜) の ③ ⬚ 通りです。

よって，求める確率は ④ ⬚

A　　B　　C

基 本 問 題

解答⇒別冊p.19

1 2つのさいころを同時に投げるとき，次の確率を求めなさい。

(1) 同じ目が出る確率

(2) 出る目の和が10になる確率

(3) ちがった目が出る確率

2 右の図のような，1，2，3，4の数字を1つずつ記入した
同じ大きさの4枚のカードがあります。これらのカード
をよくきってから2回続けてひき，1回目にひいたカードに書いてある数を十
の位とし，2回目にひいたカードに書いてある数を一の位として，2けたの整
数をつくります。ただし，ひいたカードはもとにもどしません。このとき，次
の確率を求めなさい。

① 1 ② 2 ③ 3 ④ 4

(1) できる整数が奇数になる確率

(2) できる整数が4の倍数になる確率

例題の答 **1** ①6 ②4 ③3 ④$\frac{1}{2}$ ⑤2 ⑥6 ⑦4 ⑧$\frac{2}{3}$ **2** ①樹形図 ②8 ③3 ④$\frac{3}{8}$

58

標本調査

まず ココ！ 要点を確かめよう

→ 調査の対象となっている集団全部について調査することを**全数調査**といいます。また，集団の一部を調査して，集団の全体の傾向を推定する調査を**標本調査**といいます。

→ 標本調査を行うとき，傾向を知りたい集団全体を**母集団**といい，母集団の一部分として取り出して実際に調べたものを**標本**といいます。

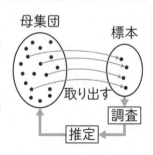

つぎ ココ！ 解き方を覚えよう

例題 1　次の調査は全数調査と標本調査のどちらでするのが適切ですか。
(1) クラスの出欠席の調査　　(2) かんづめの品質検査

(1) ① ☐ 調査

（理由）出欠席の調査は，個人個人について記録しておく必要がある。

(2) ② ☐ 調査

（理由）全部検査すると，商品として売れるものがなくなる。

例題 2　袋の中に白い碁石と黒い碁石が合わせて 360 個入っています。この袋の中から 48 個の碁石を無作為に取り出して，黒い碁石の数を数えると 30 個でした。この袋の中には黒い碁石はおよそ何個入っていると考えられますか。

袋の中に入っている黒い碁石の数を x 個とします。

母集団と標本で，白い碁石と黒い碁石の個数の比はおよそ等しいと考えられるので，

└ 取り出した碁石
└ 袋の中にはいっている碁石

$$360 : x = 48 : \boxed{①} \qquad x = \frac{360 \times \boxed{①}}{48} = \boxed{②}$$

よって，袋の中に入っている黒い碁石の数は，およそ $\boxed{②}$ 個。

1 次の調査は，全数調査と標本調査のどちらでするのが適切ですか。その理由も答えなさい。

(1) 電池の寿命検査

(2) 国勢調査

(3) 学校での健康診断

(4) テレビの視聴率調査

2 ある工場でつくった製品の中から250個の製品を無作為に取り出して調べたら，その中の2個が不良品でした。この工場でつくった1万個の製品の中には，およそ何個の不良品がふくまれていると考えられますか。

もう一歩

標本平均から母集団の平均を推定しよう

1000人の体重を調べるため，10人ずつの標本を20個取り出し，その標本平均を調べたところ，上の表のようになりました。

標本平均(kg)	43.0	43.5	44.0	44.5	45.0	45.5	計
度 数 (個)	1	3	5	7	3	1	20

このようなとき，全体の平均(母集団の平均)は，標本平均の平均をとって求めます。

$(43.0×1＋43.5×3＋44.0×5＋44.5×7＋45.0×3＋45.5×1)÷20＝44.275$
$→ 44.3(kg)$

よって，全体の平均は，およそ44.3 kgと推定できます。

例題の答 **1** ①全数 ②標本 **2** ①30 ②225

1 次のデータは，16人の生徒のハンドボール投げの結果です。

| 25, 24, 25, 28, 20, 30, 29, 19, |
| 31, 27, 34, 26, 33, 35, 29, 30 | (単位 m)

(1) 中央値，第1四分位数，第3四分位数をそれぞれ求めなさい。（10点×3＝30点）

(2) 四分位範囲を求めなさい。（10点）

(3) 範囲を求めなさい。（10点）

(4) このデータを箱ひげ図に表しなさい。（15点）

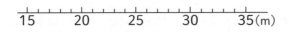

2 袋の中に，3個の赤球と2個の白球と1個の青球が入っています。この中から同時に2個の球を取り出すとき，取り出した球が同じ色である確率を求めなさい。

（15点） → できなければ, p.130 へ

得点UP
アドバイス

- 四分位数を求めるときは，まずはデータを小さい順に並べよう。
- 確率を求めるとき，もれや重なりがないように数え上げよう。
- 母集団での比率と標本での比率はほぼ等しいとみなして考えよう。

3 ある中学校の全校生徒 360 人のうち，夏休みに旅行に行った生徒のおよその人数を調べることになり，40 人を無作為に抽出する標本調査を行いました。

(10点×2 = 20点) ⊙できなければ, p.132 へ

(1) 標本の選び方として適切なものを，次の**ア～エ**のうちから 1 つ選んで記号で答えなさい。ただし，くじ引きを行うとき，その対象の中からの生徒の選ばれ方は同様に確からしいものとします。

ア 運動部員の中から 20 人，文化部員の中から 20 人の計 40 人をくじ引きで選ぶ。

イ 生徒全員の中から 40 人をくじ引きで選ぶ。

ウ 男子生徒 178 人の中から 40 人をくじ引きで選ぶ。

エ 3 年生の中から 40 人をくじ引きで選ぶ。

(2) 抽出された 40 人のうち，夏休みに旅行に行った生徒は 34 人でした。この中学校で，夏休みに旅行に行った生徒のおよその人数を求めなさい。

これで **レベルアップ**

2 で，少なくとも赤球が 1 個出る確率を求めてみましょう。

赤球を赤$_1$，赤$_2$，赤$_3$，白球を白$_1$，白$_2$，青球を青とすると，全部の球の取り出し方は，
{赤$_1$，赤$_2$}，{赤$_1$，赤$_3$}，{赤$_1$，白$_1$}，{赤$_1$，白$_2$}，{赤$_1$，青}，{赤$_2$，赤$_3$}，{赤$_2$，白$_1$}，
{赤$_2$，白$_2$}，{赤$_2$，青}，{赤$_3$，白$_1$}，{赤$_3$，白$_2$}，{赤$_3$，青}，{白$_1$，白$_2$}，{白$_1$，青}，{白$_2$，青}
の 15 通りあります。

このうち，少なくとも赤球が 1 個出るとき(つまり赤球が 2 個のときと 1 個のとき)は，全部で 12 通りあるから，求める確率は $\frac{12}{15} = \frac{4}{5}$ となりますね。

ただしこういうときは，赤球が出ないときは 3 通りあるから，赤球が出ないときの確率を 1 からひくほうが，簡単に求めることができます。

$1 - \frac{3}{15} = \frac{12}{15} = \frac{4}{5}$

少なくともがついた確率を求めるときは，計算が簡単になるくふうを考えましょう。

装丁デザイン　ブックデザイン研究所
本文デザイン　A.S.T DESIGN
　図　版　ユニックス

本書に関する最新情報は, 小社ホームページにある**本書の「サポート情報」**をご覧ください。(開設して
いない場合もございます。) なお, この本の内容についての責任は小社にあり, 内容に関するご質問は
直接小社におよせください。

中1～3 基礎からわかりやすく　数学ノート

編著者	中学教育研究会	発行所	受験研究社
発行者	岡 本 明 剛		
印刷所	ユ ニ ッ ク ス	©	株式会社 増進堂・受験研究社

〒550-0013 大阪市西区新町 2 丁目19番15号
注文・不良品などについて：(06)6532-1581(代表)／本の内容について：(06)6532-1586(編集)

中1~3

基礎からわかりやすく

数学
ノート

解 答

受験研究社

① 正の数・負の数 〔1年〕 (本文5ページ)

1 (1) ① $-8<-2<5$　② $-9<0<7$

(2) $-4,\ -3,\ -2,\ -1,\ 0,\ 1,\ 2,\ 3,\ 4$

2 (1) $12\div(4-3\times2)$
$=12\div(4-6)$
$=12\div(-2)$
$=-6$

(2) $\left(-\dfrac{3}{5}\right)\div\dfrac{6}{5}\times(-3)$
$=\left(-\dfrac{3}{5}\right)\times\dfrac{5}{6}\times(-3)$
$=\dfrac{3\times5\times3}{5\times6}$
$=\dfrac{3}{2}$

(3) $4\times(-2)^2+(-3^2)$
$=4\times4+(-9)$
$=16-9$
$=7$

(4) $7\times\{(-4)^2-(5-8)\}$
$=7\times\{16-(-3)\}$
$=7\times(16+3)$
$=7\times19$
$=133$

3 (1) $70-13=57(点)$

(2) $(+7)+(-13)+(-8)+(+15)+(-11)=-10(点)$
より，$(-10)\div5=-2(点)$
5人の平均点は，$70-2=68(点)$

> **ここに注意!**
> 平均点は，(基準点)$+\dfrac{(基準点との差の合計)}{(人数)}$　で求めます。

② 式の計算 ① 〔1・2年〕 (本文7ページ)

1 (1) $(4x-3)+(-2x+1)$
$=4x-3-2x+1$
$=2x-2$

(2) $3(5a-b)$
$=15a-3b$

(3) $(10x-4y)\div2$
$=5x-2y$

(4) $2(a+2b)-5(2a-b)$
$=2a+4b-10a+5b$
$=-8a+9b$

(5) $\dfrac{1}{2}(6x-4y)-\dfrac{1}{3}(9x+6y)$
$=3x-2y-3x-2y$
$=-4y$

(6) $\dfrac{2x+3y}{2}-\dfrac{x-6y}{3}$
$=\dfrac{3(2x+3y)-2(x-6y)}{6}$
$=\dfrac{6x+9y-2x+12y}{6}$
$=\dfrac{4x+21y}{6}$

2 (1) $(-6x)\times5xy$
$=-30x^2y$

(2) $10ab\div5b$
$=2a$

(3) $2xy^2\times3x\div6y^2$
$=2xy^2\times3x\times\dfrac{1}{6y^2}$
$=\dfrac{2xy^2\times3x}{6y^2}$
$=x^2$

(4) $\dfrac{1}{3}ab^2\div\left(-\dfrac{2}{3}a^2b\right)\times4a^2$
$=\dfrac{ab^2}{3}\times\left(-\dfrac{3}{2a^2b}\right)\times4a^2$
$=-\dfrac{ab^2\times3\times4a^2}{3\times2a^2b}$
$=-2ab$

③ 式の計算 ② 〔1・2年〕 (本文9ページ)

1 (1) $3a-5b$
$=3\times(-2)-5\times3$
$=-6-15$
$=-21$

(2) $2(4a-3b)-4(a+2b)$
$=8a-6b-4a-8b$
$=4a-14b$
$=4\times(-2)-14\times3$
$=-8-42$
$=-50$

> **ここに注意!**
> (2)では，すぐに代入しないで，式を簡単にしてから代入します。

2 (順に) $2,\ 4$
$2,\ 4,\ 6,\ 1$
$1,\ 1,\ 倍数$

3 (1) $2a+5b=12$
$2a=12-5b$
$a=\dfrac{12-5b}{2}$
$\left(a=-\dfrac{5}{2}b+6\right)$

(2) $m=\dfrac{a+b}{2}$
$\dfrac{a+b}{2}=m$
$a+b=2m$
$b=2m-a$

> **ここに注意!**
> (2)では，まず，左辺と右辺を入れかえます。

④ 式の展開 (本文11ページ)

1 (1) $4a(3a+7b)$
$=12a^2+28ab$

(2) $(6x-4y)\times(-3y)$
$=-18xy+12y^2$

(3) $3a(-2a+8b-9)$
$=-6a^2+24ab-27a$

(4) $(6a^2-3ab)\div\left(-\dfrac{3}{4}a\right)$
$=(6a^2-3ab)\times\left(-\dfrac{4}{3a}\right)$
$=-8a+4b$

> **ここに注意!**
> (3) $3a(-2a+8b-9)=-6a^2+24ab-27a$
> (4) $-\dfrac{3}{4}a=-\dfrac{3a}{4}\diagup-\dfrac{4}{3a}$　だから，$-\dfrac{3}{4}a$ の逆数は $-\dfrac{4}{3a}$ になります。

2 (1) $(x+6)(y+7)$
$=xy+7x+6y+42$

(2) $(a+8)(b-3)$
$=ab-3a+8b-24$

(3) $(3x-5)(4x-1)$
$=12x^2-3x-20x+5$
$=12x^2-23x+5$

(4) $(2a+b)(3a-4b)$
$=6a^2-8ab+3ab-4b^2$
$=6a^2-5ab-4b^2$

5 乗法公式 ① (本文13ページ)

1 (1) $(x+6)(x+7)$
$= x^2 + (6+7)x + 6 \times 7$
$= x^2 + 13x + 42$

(2) $(a+9)(a-3)$
$= a^2 + (9-3)a + 9 \times (-3)$
$= a^2 + 6a - 27$

(3) $(x-4)(x+5)$
$= x^2 + \{(-4)+5\}x$
$\quad + (-4) \times 5$
$= x^2 + x - 20$

(4) $\left(y - \dfrac{1}{3}\right)\left(y - \dfrac{2}{3}\right)$
$= y^2 + \left\{\left(-\dfrac{1}{3}\right)+\left(-\dfrac{2}{3}\right)\right\}y$
$\quad + \left(-\dfrac{1}{3}\right) \times \left(-\dfrac{2}{3}\right)$
$= y^2 - y + \dfrac{2}{9}$

> **ここに注意！**
> $(x+a)(x+b)=x^2+(a+b)x+ab$ を使います。

2 (1) $(x+8)^2$
$= x^2 + 2 \times 8 \times x + 8^2$
$= x^2 + 16x + 64$

(2) $(a-7)^2$
$= a^2 - 2 \times 7 \times a + 7^2$
$= a^2 - 14a + 49$

(3) $\left(y + \dfrac{1}{2}\right)^2$
$= y^2 + 2 \times \dfrac{1}{2} \times y + \left(\dfrac{1}{2}\right)^2$
$= y^2 + y + \dfrac{1}{4}$

(4) $(4-x)^2$
$= 4^2 - 2 \times x \times 4 + x^2$
$= 16 - 8x + x^2$

> **ここに注意！**
> $(x+a)^2 = x^2 + 2ax + a^2$, $(x-a)^2 = x^2 - 2ax + a^2$
> を使います。

6 乗法公式 ② (本文15ページ)

1 (1) $(x+3)(x-3)$
$= x^2 - 3^2$
$= x^2 - 9$

(2) $(a+5)(a-5)$
$= a^2 - 5^2$
$= a^2 - 25$

(3) $(7-x)(7+x)$
$= 7^2 - x^2$
$= 49 - x^2$

(4) $\left(y + \dfrac{1}{6}\right)\left(y - \dfrac{1}{6}\right)$
$= y^2 - \left(\dfrac{1}{6}\right)^2$
$= y^2 - \dfrac{1}{36}$

> **ここに注意！**
> $(x+a)(x-a)=x^2-a^2$ を使います。

2 (1) $(3x-2y)^2$
$= (3x)^2 - 2 \times 2y \times 3x$
$\quad + (2y)^2$
$= 9x^2 - 12xy + 4y^2$

(2) $(2a+3b)(2a-5b)$
$= (2a)^2 + (3b-5b) \times 2a$
$\quad + 3b \times (-5b)$
$= 4a^2 - 4ab - 15b^2$

(3) $x+y=M$ とおくと，
$(x+y+2)(x+y+4)$
$= (M+2)(M+4)$
$= M^2 + 6M + 8$
$= (x+y)^2 + 6(x+y) + 8$
$= x^2 + 2xy + y^2 + 6x + 6y + 8$

(4) $a-b=M$ とおくと，
$(a-b+3)(a-b-2)$
$= (M+3)(M-2)$
$= M^2 + M - 6$
$= (a-b)^2 + (a-b) - 6$
$= a^2 - 2ab + b^2 + a - b - 6$

7 因数分解 ① (本文17ページ)

1 (1) $8x - 4y$
$= 4 \times 2 \times x - 4 \times y$
$= 4(2x - y)$

(2) $x^2 + 5x$
$= x \times x + 5 \times x$
$= x(x + 5)$

(3) $3ax + 6ay$
$= 3 \times a \times x + 3 \times 2 \times a \times y$
$= 3a(x + 2y)$

(4) $2x^2y - 5xy^2$
$= 2 \times x \times x \times y - 5 \times x \times y$
$\quad \times y$
$= xy(2x - 5y)$

(5) $x^2 + xy - 3x$
$= x \times x + x \times y - 3 \times x$
$= x(x + y - 3)$

(6) $6a^2b + 3ab^2 - 9ab$
$= 3 \times 2 \times a \times a \times b + 3 \times a$
$\quad \times b \times b - 3 \times 3 \times a \times b$
$= 3ab(2a + b - 3)$

> **ここに注意！**
> 因数分解するときは，かっこの中に共通因数がなくなるまでします。
> また，次のように，分数になるまで因数分解するのはやりすぎになるので，気をつけましょう。
> $8x - 4y = 8\left(x - \dfrac{1}{2}y\right)$

8 因数分解 ② (本文19ページ)

1 (1) 積が9，和が10になる2数は，
$1 \times 9 = 9$, $1 + 9 = 10$ より，
1と9だから，
$x^2 + 10x + 9$
$= (x+1)(x+9)$

(2) 積が-10，和が3になる2数は，
$5 \times (-2) = -10$, $5 + (-2) = 3$
より，5と-2だから，
$x^2 + 3x - 10$
$= (x+5)(x-2)$

(3) 積が-8，和が-7になる2数は，
$-8 \times 1 = -8$, $-8 + 1 = -7$
より，-8と1だから，
$x^2 - 7x - 8$
$= (x-8)(x+1)$

(4) 積が28，和が-16になる2数は，$-14 \times (-2) = 28$,
$-14 + (-2) = -16$ より，
-14と-2だから，
$a^2 - 16a + 28$
$= (a-14)(a-2)$

2 (1) $x^2 + 12x + 36$
$= x^2 + 2 \times 6 \times x + 6^2$
$= (x+6)^2$

(2) $x^2 - 10x + 25$
$= x^2 - 2 \times 5 \times x + 5^2$
$= (x-5)^2$

(3) $x^2 - 81$
$= x^2 - 9^2$
$= (x+9)(x-9)$

(4) $4a^2 - 9b^2$
$= (2a)^2 - (3b)^2$
$= (2a+3b)(2a-3b)$

> **ここに注意！**
> (4)で，$4a^2 = 2^2a^2 = (2a)^2$, $9b^2 = 3^2b^2 = (3b)^2$とすると，$x^2 - a^2 = (x+a)(x-a)$ の因数分解の公式を利用することができます。

1
(1) 102^2
$=(100+2)^2$
$=100^2+2\times2\times100+2^2$
$=10000+400+4$
$=10404$

(2) 94^2
$=(100-6)^2$
$=100^2-2\times6\times100+6^2$
$=10000-1200+36$
$=8836$

(3) 78×82
$=(80-2)\times(80+2)$
$=80^2-2^2$
$=6400-4$
$=6396$

(4) 58^2-42^2
$=(58+42)\times(58-42)$
$=100\times16$
$=1600$

2 (順に) $2n+2$
$2n+2,\ 4n^2,\ 4n,\ 2n$

1
(1) $3x(4x-2y)$
$=3x\times4x-3x\times2y$
$=12x^2-6xy$

(2) $(8x^2y-6y)\div2y$
$=(8x^2y-6y)\times\dfrac{1}{2y}$
$=\dfrac{8x^2y}{2y}-\dfrac{6y}{2y}$
$=4x^2-3$

2
(1) $(3a+7)(b-2)$
$=3a\times b-3a\times2+7\times b$
$\quad-7\times2$
$=3ab-6a+7b-14$

(2) $(x+3)(x-2)$
$=x^2+(3-2)x+3\times(-2)$
$=x^2+x-6$

(3) $(2x+3)^2$
$=(2x)^2+2\times3\times2x+3^2$
$=4x^2+12x+9$

(4) $(a-2b)^2$
$=a^2-2\times2b\times a+(2b)^2$
$=a^2-4ab+4b^2$

(5) $(3x+5)(3x-5)$
$=(3x)^2-5^2$
$=9x^2-25$

(6) $x-y=M$ とおくと,
$(x-y+2)(x-y-3)$
$=(M+2)(M-3)$
$=M^2-M-6$
$=(x-y)^2-(x-y)-6$
$=x^2-2xy+y^2-x+y-6$

3
(1) $63\times57=(60+3)\times(60-3)=60^2-3^2=3600-9$
$=3591$

(2) $75^2-25^2=(75+25)\times(75-25)=100\times50=5000$

4
(1) $4ax+8ay$
$=4\times a\times x+4\times2\times a\times y$
$=4a(x+2y)$

(2) 積が 14, 和が -9 になる 2 数は,
$(-7)\times(-2)=14,$
$(-7)+(-2)=-9$ より,
-7 と -2
$x^2-9x+14$
$=(x-7)(x-2)$

(3) 積が -32, 和が -4 になる 2 数は,
$(-8)\times4=-32,-8+4=-4$
より, -8 と 4
$x^2-4x-32$
$=(x-8)(x+4)$

(4) $x^2+14x+49$
$=x^2+2\times7\times x+7^2$
$=(x+7)^2$

(5) $x^2-16x+64$
$=x^2-2\times8\times x+8^2$
$=(x-8)^2$

(6) $9x^2-36y^2$
$=9(x^2-4y^2)$
$=9(x+2y)(x-2y)$

5 (証明) 連続する 2 つの奇数は, 整数 n を使って,
$2n-1,\ 2n+1$ と表される。
それらの積に 1 をたした数は,
$(2n-1)(2n+1)+1=4n^2-1+1=4n^2$
よって, n^2 は整数だから, 連続する 2 つの奇数の積
に 1 をたした数は 4 の倍数になる。

1
(1) 8 と -8 (±8)

(2) 0.4 と -0.4 (±0.4)

(3) $\sqrt{6}$ と $-\sqrt{6}$ $(\pm\sqrt{6})$

(4) $\dfrac{2}{3}$ と $-\dfrac{2}{3}$ $\left(\pm\dfrac{2}{3}\right)$

2
(1) 7　(2) $\dfrac{3}{4}$　(3) -3　(4) 5

> ここに注意!
> $\sqrt{(-5)^2}=\sqrt{25}=5$ になります。

3
(1) 8　(2) 14　(3) 36

> ここに注意!
> a が正の数のとき, $(\sqrt{a})^2=a,\ (-\sqrt{a})^2=a$

4
(1) $17<19$ だから,
$\sqrt{17}<\sqrt{19}$
よって, $-\sqrt{17}>-\sqrt{19}$

(2) $2=\sqrt{4}$, $3=\sqrt{9}$
$4<7<9$ だから,
$\sqrt{4}<\sqrt{7}<\sqrt{9}$
よって, $2<\sqrt{7}<3$

> ここに注意!
> 負の数は, 絶対値の大きいほうが小さい。

⑪ 有理数と無理数，近似値と有効数字 (本文27ページ)

1 $\sqrt{0.64}=\sqrt{0.8^2}=0.8$, $\sqrt{\dfrac{9}{16}}=\sqrt{\left(\dfrac{3}{4}\right)^2}=\dfrac{3}{4}$ だから，

有理数は，$\sqrt{0.64}$，$\sqrt{\dfrac{9}{16}}$

無理数は，$\sqrt{7}$，$-\sqrt{3}$，π

> **ここに注意！**
> $\sqrt{}$ の中が平方数になるとき，$\sqrt{a^2}=a$（aは正の数）だから，有理数になります。

2 $\dfrac{2}{5}=0.4$，$\sqrt{8}=2.828\cdots$，$-\sqrt{9}=-3$，

$\sqrt{3}=1.732\cdots$ だから，

$\mathrm{A}(-\sqrt{9})$，$\mathrm{B}(-1.5)$，$\mathrm{C}\left(\dfrac{2}{5}\right)$，$\mathrm{D}(\sqrt{3})$，$\mathrm{E}(\sqrt{8})$

3 aは整数部分が1けたの小数で表します。

よって，$26700=2.67\times10000=2.67\times10^4$(m)

⑫ 根号をふくむ式の乗除 (本文29ページ)

1 (1) $\sqrt{2}\times(-\sqrt{8})$
$=-(\sqrt{2}\times\sqrt{8})$
$=-\sqrt{2\times8}$
$=-\sqrt{16}$
$=-4$

(2) $\sqrt{48}\div(-\sqrt{12})$
$=-\sqrt{\dfrac{48}{12}}$
$=-\sqrt{4}$
$=-2$

2 (1) $4\sqrt{2}=\sqrt{4^2\times2}$
$=\sqrt{16\times2}$
$=\sqrt{32}$

(2) $\sqrt{108}=\sqrt{2^2\times3^3}$
$=\sqrt{(2\times3)^2\times3}$
$=\sqrt{6^2\times3}$
$=6\sqrt{3}$

> **ここに注意！**
> 108 を素因数分解すると，
> $108=2\times2\times3\times3\times3=2^2\times3^3$

3 (1) $\sqrt{28}\times\sqrt{45}$
$=\sqrt{2^2\times7}\times\sqrt{3^2\times5}$
$=2\times3\times\sqrt{7\times5}$
$=6\sqrt{35}$

(2) $(-\sqrt{15})\times\sqrt{10}$
$=-(\sqrt{3\times5}\times\sqrt{2\times5})$
$=-\sqrt{3\times2\times5^2}$
$=-5\sqrt{6}$

(3) $\sqrt{32}\times\sqrt{18}$
$=\sqrt{4^2\times2}\times\sqrt{3^2\times2}$
$=4\times3\times\sqrt{2^2}$
$=12\times2$
$=24$

(4) $4\sqrt{6}\times2\sqrt{2}$
$=4\times2\times\sqrt{2\times3}\times\sqrt{2}$
$=8\times\sqrt{2^2\times3}$
$=8\times2\sqrt{3}$
$=16\sqrt{3}$

⑬ 分母の有理化，平方根の値 (本文31ページ)

1 (1) $\dfrac{\sqrt{2}}{\sqrt{3}}=\dfrac{\sqrt{2}\times\sqrt{3}}{\sqrt{3}\times\sqrt{3}}$
$=\dfrac{\sqrt{6}}{3}$

(2) $\dfrac{7}{2\sqrt{7}}=\dfrac{7\times\sqrt{7}}{2\sqrt{7}\times\sqrt{7}}$
$=\dfrac{7\sqrt{7}}{2\times7}=\dfrac{\sqrt{7}}{2}$

(3) $\dfrac{2\sqrt{3}}{\sqrt{6}}=\dfrac{2\times\sqrt{3}}{\sqrt{2}\times\sqrt{3}}=\dfrac{2}{\sqrt{2}}=\dfrac{2\times\sqrt{2}}{\sqrt{2}\times\sqrt{2}}=\dfrac{2\sqrt{2}}{2}$
$=\sqrt{2}$

2 (1) $\sqrt{500}=\sqrt{5\times100}$
$=\sqrt{5}\times10$
$=2.236\times10$
$=22.36$

(2) $\sqrt{0.05}=\sqrt{\dfrac{5}{100}}$
$=\dfrac{\sqrt{5}}{10}$
$=2.236\div10$
$=0.2236$

3 (1) $\sqrt{12}=\sqrt{2^2\times3}$
$=2\sqrt{3}$
$=2\times1.732$
$=3.464$

(2) $\dfrac{3}{2\sqrt{3}}=\dfrac{3\times\sqrt{3}}{2\sqrt{3}\times\sqrt{3}}$
$=\dfrac{3\sqrt{3}}{2\times3}$
$=\dfrac{\sqrt{3}}{2}$
$=1.732\div2$
$=0.866$

> **ここに注意！**
> (2)は，分母を有理化してから，$\sqrt{3}=1.732$ を代入します。

⑭ 根号をふくむ式の加減 (本文33ページ)

1 (1) $5\sqrt{5}+7\sqrt{5}$
$=(5+7)\sqrt{5}$
$=12\sqrt{5}$

(2) $2\sqrt{7}-6\sqrt{7}$
$=(2-6)\sqrt{7}$
$=-4\sqrt{7}$

(3) $-\sqrt{6}+4\sqrt{6}-2\sqrt{6}$
$=(-1+4-2)\sqrt{6}$
$=\sqrt{6}$

(4) $4\sqrt{3}+2\sqrt{5}-3\sqrt{3}$
$+\sqrt{5}$
$=(4-3)\sqrt{3}+(2+1)\sqrt{5}$
$=\sqrt{3}+3\sqrt{5}$

2 (1) $\sqrt{32}+\sqrt{50}$
$=\sqrt{4^2\times2}+\sqrt{5^2\times2}$
$=4\sqrt{2}+5\sqrt{2}$
$=9\sqrt{2}$

(2) $\sqrt{27}-\sqrt{48}$
$=\sqrt{3^2\times3}-\sqrt{4^2\times3}$
$=3\sqrt{3}-4\sqrt{3}$
$=-\sqrt{3}$

(3) $\sqrt{45}-\sqrt{20}+\sqrt{5}$
$=\sqrt{3^2\times5}-\sqrt{2^2\times5}+\sqrt{5}$
$=3\sqrt{5}-2\sqrt{5}+\sqrt{5}$
$=2\sqrt{5}$

(4) $\sqrt{8}+\dfrac{6}{\sqrt{2}}$
$=\sqrt{2^2\times2}+\dfrac{6\times\sqrt{2}}{\sqrt{2}\times\sqrt{2}}$
$=2\sqrt{2}+\dfrac{6\sqrt{2}}{2}$
$=2\sqrt{2}+3\sqrt{2}$
$=5\sqrt{2}$

1 (1) $\sqrt{2}(\sqrt{6}+\sqrt{3})$
$=\sqrt{12}+\sqrt{6}$
$=2\sqrt{3}+\sqrt{6}$

(2) $(\sqrt{3}-1)(\sqrt{2}+4)$
$=\sqrt{3}\times\sqrt{2}+\sqrt{3}\times4$
$\quad-1\times\sqrt{2}-1\times4$
$=\sqrt{6}+4\sqrt{3}-\sqrt{2}-4$

2 (1) $(\sqrt{6}+4)^2$
$=(\sqrt{6})^2+2\times4\times\sqrt{6}+4^2$
$=6+8\sqrt{6}+16$
$=22+8\sqrt{6}$

(2) $(\sqrt{5}-\sqrt{2})^2$
$=(\sqrt{5})^2-2\times\sqrt{2}\times\sqrt{5}$
$\quad+(\sqrt{2})^2$
$=5-2\sqrt{10}+2$
$=7-2\sqrt{10}$

(3) $(\sqrt{7}-\sqrt{3})(\sqrt{7}+\sqrt{3})$
$=(\sqrt{7})^2-(\sqrt{3})^2$
$=7-3$
$=4$

(4) $(\sqrt{2}+2)(\sqrt{2}-4)$
$=(\sqrt{2})^2+(2-4)\sqrt{2}$
$\quad-2\times4$
$=2-2\sqrt{2}-8$
$=-6-2\sqrt{2}$

---

1 (1) ±9　　(2) $\pm\sqrt{13}$　　(3) $\pm\dfrac{4}{7}$

2 (1) $4=\sqrt{16}$ だから，
$\sqrt{16}>\sqrt{7}$
よって，$4>\sqrt{7}$

(2) $5<7$ だから，
$\sqrt{5}<\sqrt{7}$
よって，$-\sqrt{5}>-\sqrt{7}$

3 (1) $2\sqrt{3}=\sqrt{2^2\times3}$
$=\sqrt{12}$

(2) $3\sqrt{5}=\sqrt{3^2\times5}$
$=\sqrt{45}$

(3) $\sqrt{27}=\sqrt{3^2\times3}$
$=3\sqrt{3}$

(4) $\sqrt{75}=\sqrt{5^2\times3}$
$=5\sqrt{3}$

4 (1) $\sqrt{7}\times\sqrt{42}$
$=\sqrt{7}\times\sqrt{7\times6}$
$=(\sqrt{7})^2\times\sqrt{6}$
$=7\sqrt{6}$

(2) $\sqrt{56}\div\sqrt{14}$
$=\sqrt{\dfrac{56}{14}}$
$=\sqrt{4}=2$

(3) $\sqrt{12}\times\sqrt{18}$
$=2\sqrt{3}\times3\sqrt{2}$
$=6\sqrt{6}$

(4) $3\sqrt{3}\times2\sqrt{6}$
$=6\sqrt{18}=6\sqrt{3^2\times2}$
$=6\times3\sqrt{2}=18\sqrt{2}$

5 (1) $\dfrac{3}{\sqrt{5}}$
$=\dfrac{3\times\sqrt{5}}{\sqrt{5}\times\sqrt{5}}$
$=\dfrac{3\sqrt{5}}{5}$

(2) $\dfrac{\sqrt{3}}{\sqrt{7}}$
$=\dfrac{\sqrt{3}\times\sqrt{7}}{\sqrt{7}\times\sqrt{7}}$
$=\dfrac{\sqrt{21}}{7}$

(3) $\dfrac{6}{\sqrt{8}}$
$=\dfrac{6}{2\sqrt{2}}=\dfrac{3}{\sqrt{2}}$
$=\dfrac{3\times\sqrt{2}}{\sqrt{2}\times\sqrt{2}}$
$=\dfrac{3\sqrt{2}}{2}$

---

6 (1) $3\sqrt{5}+4\sqrt{5}$
$=(3+4)\sqrt{5}$
$=7\sqrt{5}$

(2) $8\sqrt{3}-5\sqrt{2}+2\sqrt{3}$
$=(8+2)\sqrt{3}-5\sqrt{2}$
$=10\sqrt{3}-5\sqrt{2}$

(3) $\sqrt{32}+\sqrt{8}$
$=4\sqrt{2}+2\sqrt{2}$
$=6\sqrt{2}$

(4) $\sqrt{48}-\sqrt{75}$
$=4\sqrt{3}-5\sqrt{3}$
$=-\sqrt{3}$

7 (1) $\sqrt{5}(3+\sqrt{5})$
$=\sqrt{5}\times3+(\sqrt{5})^2$
$=3\sqrt{5}+5$

(2) $(\sqrt{7}-\sqrt{5})^2$
$=(\sqrt{7})^2-2\times\sqrt{5}\times\sqrt{7}$
$\quad+(\sqrt{5})^2$
$=7-2\sqrt{35}+5$
$=12-2\sqrt{35}$

(3) $(\sqrt{3}+2)(\sqrt{3}-2)$
$=(\sqrt{3})^2-2^2$
$=3-4$
$=-1$

(4) $(\sqrt{6}+2)(\sqrt{6}-3)$
$=(\sqrt{6})^2+(2-3)\sqrt{6}$
$\quad-2\times3$
$=6-\sqrt{6}-6$
$=-\sqrt{6}$

---

1 (1) $x=2$　　(2) $x=\dfrac{3}{2}$

(3) $x=5$　　(4) $x=-9$

2 (1) $7x-6=3(x-4)$
$7x-6=3x-12$
$7x-3x=-12+6$
$4x=-6$
$x=-\dfrac{3}{2}$

(2) $2(x-2)=3(4-2x)$
$2x-4=12-6x$
$2x+6x=12+4$
$8x=16$
$x=2$

(3) $0.3x+0.8=0.6x-0.4$
両辺を10倍すると，
$3x+8=6x-4$
$3x-6x=-4-8$
$-3x=-12$
$x=4$

(4) $\dfrac{x}{4}-\dfrac{1}{2}=\dfrac{x}{2}+\dfrac{3}{4}$
両辺に4をかけると，
$x-2=2x+3$
$x-2x=3+2$
$-x=5$
$x=-5$

3 (1) $x:4=5:3$
$x\times3=4\times5$
$3x=20$
$x=\dfrac{20}{3}$

(2) $\dfrac{1}{3}:\dfrac{1}{4}=8:x$
$\dfrac{1}{3}\times x=\dfrac{1}{4}\times8$
$\dfrac{1}{3}x=2$
$x=6$

⑰ 連立方程式 〔2年〕 (本文41ページ)

1 上の式を①，下の式を②とする。

(1) ①＋②×2 より，
$x=3$
$x=3$ を②に代入して，
$y=-2$
(答) $x=3$, $y=-2$

(2) ②の式を整理すると，
$3x-y=6$ ……②′
①＋②′×3 より，
$x=1$
$x=1$ を②′に代入して，
$y=-3$
(答) $x=1$, $y=-3$

2 上の式を①，下の式を②とする。
①の両辺を10倍すると，
$2x+3y=30$ ……①′
②の両辺に6をかけると，
$2x-3y=-18$ ……②′
①′－②′ より，$y=8$
$y=8$ を①′に代入して，$x=3$ (答) $x=3$, $y=8$

3 7を2回使った式になおすと，
$\begin{cases} 4x+y=7 & ……① \\ 3x-y=7 & ……② \end{cases}$
①＋② より，$x=2$
$x=2$ を①に代入して，$y=-1$ (答) $x=2$, $y=-1$

⑱ 方程式の利用 〔1・2年〕 (本文43ページ)

1 50円のシールをx枚買うとすると，
$50x+100(23-x)=1550$
これを解くと，$-50x=-750$ $x=15$
100円のシールは，$23-15=8$(枚)
これらは問題に適している。
(答) 50円のシール 15枚，100円のシール 8枚

2 中学生の人数をx人，大人の人数をy人とすると，
$\begin{cases} x+y+22=40 \\ 200x+500y+100\times22=7300 \end{cases}$
2式を整理すると，
$\begin{cases} x+y=18 \\ 2x+5y=51 \end{cases}$
これを解くと，$x=13$, $y=5$
これらは問題に適している。(答) 中学生 13人，大人 5人

3 歩いた時間をx分，走った時間をy分とすると，
$\begin{cases} x+y=23 \\ 80x+200y=2800 \end{cases}$
これを解くと，$x=15$, $y=8$
歩いた道のりは，$80\times15=1200$(m)
走った道のりは，$2800-1200=1600$(m)
これらは問題に適している。
(答) 歩いた道のり 1200 m，走った道のり 1600 m
(別解)歩いた道のりをxm，走った道のりをymとしてもよい。

⑲ 2次方程式の解き方 ① (本文45ページ)

1 $x=-2$ を代入すると，
アの左辺は，$(-2)^2-9=4-9=-5$
イの左辺は，$(-2+4)^2=2^2=4$
ウの左辺は，$(-2)^2+4\times(-2)+4=4-8+4=0$
エの左辺は，$(-2)^2+(-2)-6=4-2-6=-4$
これより，方程式が成り立つのは，**イ**と**ウ**になる。

> ⟨ここに注意！⟩
> 代入して方程式が成り立つかどうかを確かめます。

2
(1) $x^2=49$
$x=\pm7$

(2) $25x^2-11=0$
-11 を移項して，
$25x^2=11$
$x^2=\dfrac{11}{25}$
$x=\pm\sqrt{\dfrac{11}{25}}$
$x=\pm\dfrac{\sqrt{11}}{5}$

(3) $(x-3)^2=25$
$x-3=\pm5$
$x=3\pm5$
$x=3+5=8$,
$x=3-5=-2$

(4) $(x+4)^2-18=0$
-18を移項して，
$(x+4)^2=18$
$x+4=\pm\sqrt{18}$
$x+4=\pm3\sqrt{2}$
$x=-4\pm3\sqrt{2}$

⑳ 2次方程式の解き方 ② (本文47ページ)

1
(1) $x^2+3x+1=0$
$x=\dfrac{-3\pm\sqrt{3^2-4\times1\times1}}{2\times1}$
$=\dfrac{-3\pm\sqrt{9-4}}{2}$
$=\dfrac{-3\pm\sqrt{5}}{2}$

(2) $2x^2-7x+4=0$
$x=\dfrac{-(-7)\pm\sqrt{(-7)^2-4\times2\times4}}{2\times2}$
$=\dfrac{7\pm\sqrt{49-32}}{4}$
$=\dfrac{7\pm\sqrt{17}}{4}$

(3) $x^2+2x-3=0$
$x=\dfrac{-2\pm\sqrt{2^2-4\times1\times(-3)}}{2\times1}$
$=\dfrac{-2\pm\sqrt{4+12}}{2}$
$=\dfrac{-2\pm\sqrt{16}}{2}$
$=\dfrac{-2\pm4}{2}$
$=-1\pm2$
$x=-1+2=1$,
$x=-1-2=-3$

(4) $2x^2+6x+3=0$
$x=\dfrac{-6\pm\sqrt{6^2-4\times2\times3}}{2\times2}$
$=\dfrac{-6\pm\sqrt{36-24}}{4}$
$=\dfrac{-6\pm\sqrt{12}}{4}$
$=\dfrac{-6\pm2\sqrt{3}}{4}$
$=\dfrac{-3\pm\sqrt{3}}{2}$

> ⟨ここに注意！⟩
> (3), (4)のように，xの係数が偶数のときは約分できます。

21 ２次方程式の解き方 ③ （本文49ページ）

1 (1) $(x+7)(x+3)=0$
$x+7=0$ または
$x+3=0$
$x=-7,\ x=-3$

(2) $x^2+x-56=0$
$(x+8)(x-7)=0$
$x+8=0$ または
$x-7=0$
$x=-8,\ x=7$

(3) $x^2+6x=0$
$x(x+6)=0$
$x=0$ または $x+6=0$
$x=0,\ x=-6$

(4) $x^2-14x+49=0$
$(x-7)^2=0$
$x-7=0$
$x=7$

(5) $x^2-9=0$
$(x+3)(x-3)=0$
$x+3=0$ または
$x-3=0$
$x=-3,\ x=3$

(6) $x^2+5x-36=0$
$(x+9)(x-4)=0$
$x+9=0$ または
$x-4=0$
$x=-9,\ x=4$

> **ここに注意！**
> (5)の $x^2-9=0$ は，平方根の考えを使って解くこ
> ともできます。
> $x^2=9$
> $x=\pm3$

22 いろいろな２次方程式 （本文51ページ）

1 (1) $x^2=-4x$
$x^2+4x=0$
$x(x+4)=0$
$x=0$ または
$x+4=0$
$x=0,\ x=-4$

(2) $x^2=2x+5$
$x^2-2x-5=0$
$x=\dfrac{-(-2)\pm\sqrt{(-2)^2-4\times1\times(-5)}}{2\times1}$
$=\dfrac{2\pm\sqrt{4+20}}{2}$
$=\dfrac{2\pm\sqrt{24}}{2}$
$=\dfrac{2\pm2\sqrt{6}}{2}$
$=1\pm\sqrt{6}$

(3) $x^2+5x=6$
$x^2+5x-6=0$
$(x+6)(x-1)=0$
$x+6=0$ または
$x-1=0$
$x=-6,\ x=1$

(4) $x^2+16=8x$
$x^2-8x+16=0$
$(x-4)^2=0$
$x-4=0$
$x=4$

(5) $x(x-5)=50$
$x^2-5x=50$
$x^2-5x-50=0$
$(x-10)(x+5)=0$
$x-10=0$ または
$x+5=0$
$x=10,\ x=-5$

(6) $(x-2)(x+3)=-5$
$x^2+x-6=-5$
$x^2+x-1=0$
$x=\dfrac{-1\pm\sqrt{1^2-4\times1\times(-1)}}{2\times1}$
$=\dfrac{-1\pm\sqrt{1+4}}{2}=\dfrac{-1\pm\sqrt{5}}{2}$

23 ２次方程式の利用 ① （本文53ページ）

1 小さいほうの自然数を x とすると，大きいほうの自然数
は $x+3$ と表される。2つの自然数の積が28なので，
$x(x+3)=28$
$x^2+3x=28$
$x^2+3x-28=0$
$(x+7)(x-4)=0$
$x=-7,\ x=4$
x は自然数なので，$x=-7$ は問題に適していない。
$x=4$ のとき，大きいほうの自然数は，$4+3=7$
これは問題に適している。
よって，求める2つの自然数は，4 と 7

2 まん中の整数を x とすると，いちばん小さい数は $x-1$，
いちばん大きい数は $x+1$ と表される。
よって，$(x+1)^2=x^2+(x-1)^2$
$x^2+2x+1=x^2+x^2-2x+1$
$x^2-4x=0$
$x(x-4)=0$
$x=0,\ x=4$
$x=0$ のとき，残りの2数は，-1 と 1
$x=4$ のとき，残りの2数は，3 と 5
これらは問題に適している。
よって，求める3つの整数は，
-1 と 0 と 1，3 と 4 と 5

24 ２次方程式の利用 ② （本文55ページ）

1 もとの正方形の1辺の長さを x cmとすると，
$(x-2)(x+3)=36$
$x^2+x-6=36$
$x^2+x-42=0$
$(x+7)(x-6)=0$
$x=-7,\ x=6$
$x>2$ だから，$x=-7$ は問題に適していない。
$x=6$ は問題に適している。
よって，$x=6$　　　　　　　　（答）6 cm

2 道幅を x mとすると，
$(8-x)(10-x)=63$
$80-18x+x^2=63$
$x^2-18x+17=0$
$(x-17)(x-1)=0$
$x=17,\ x=1$
$0<x<8$ だから，$x=17$ は問題に適していない。
$x=1$ は問題に適している。
よって，$x=1$　　　　　　　　（答）1 m

> **ここに注意！**
> 縦8m，横10mの長方形の土地に道をつけるの
> だから，x の範囲は $0<x<8$ になります。

1 平方根の考えを使って解く。

(1) $x^2=80$
$x=\pm\sqrt{80}$
$=\pm4\sqrt{5}$

(2) $(x+7)^2=12$
$x+7=\pm\sqrt{12}$
$x=-7\pm2\sqrt{3}$

2 解の公式を使って解く。

(1) $x=\dfrac{-(-5)\pm\sqrt{(-5)^2-4\times1\times1}}{2\times1}$
$=\dfrac{5\pm\sqrt{25-4}}{2}$
$=\dfrac{5\pm\sqrt{21}}{2}$

(2) $x=\dfrac{-4\pm\sqrt{4^2-4\times3\times(-2)}}{2\times3}$
$=\dfrac{-4\pm\sqrt{16+24}}{6}$
$=\dfrac{-4\pm\sqrt{40}}{6}$
$=\dfrac{-4\pm2\sqrt{10}}{6}$
$=\dfrac{-2\pm\sqrt{10}}{3}$

3 因数分解を利用して解く。

(1) $(x+3)(x+4)=0$
$x=-3,\ x=-4$

(2) $(x+5)(x-3)=0$
$x=-5,\ x=3$

4 移項したり，式を展開して（2次式）＝0 の形にすると，因数分解できる。

(1) $x^2-5x-24=0$
$(x-8)(x+3)=0$
$x=8,\ x=-3$

(2) $x^2-2x-3=-3$
$x^2-2x=0$
$x(x-2)=0$
$x=0,\ x=2$

5 小さいほうの数をxとすると，大きいほうの数は $x+4$ と表されるから，
$x^2+(x+4)^2=80$
$x^2+x^2+8x+16=80$
$2x^2+8x-64=0$
$x^2+4x-32=0$
$(x+8)(x-4)=0$
$x=-8,\ x=4$
xは正の数だから，$x=-8$ は問題に適していない。
$x=4$ のとき，大きいほうの数は，$4+4=8$
これらは問題に適している。
（答）4 と 8

6 道路の幅をxmとすると，
$15x+12x-x^2=50$
$-x^2+27x-50=0$
$x^2-27x+50=0$
$(x-2)(x-25)=0$
$x=2,\ x=25$
$0<x<12$ だから，$x=25$ は問題に適していない。
$x=2$ は問題に適している。
よって，$x=2$
（答）2 m

㉕ 比例と反比例　1年　（本文59ページ）

1 (1) $y=ax$ に $x=6,\ y=-3$ を代入すると，
$-3=a\times6$　$a=-\dfrac{1}{2}$　よって，$y=-\dfrac{1}{2}x$

(2) (1)の式に $x=-4$ を代入すると，
$y=-\dfrac{1}{2}\times(-4)=2$

2 (1) $y=\dfrac{a}{x}$ に $x=-5,\ y=-4$ を代入すると，
$-4=\dfrac{a}{-5}$　$a=20$　よって，$y=\dfrac{20}{x}$

(2) (1)の式に $x=10$ を代入すると，$y=\dfrac{20}{10}=2$

3 (1) $x=2$ のとき $y=1$ だから，原点Oと点(2, 1)を通る直線をひく。

(2)

x	-6	-3	-2	-1	1	2	3	6
y	1	2	3	6	-6	-3	-2	-1

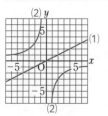

㉖ 1次関数　2年　（本文61ページ）

1 $-\dfrac{1}{2}$

2 (1) 傾きが-2 だから，$y=-2x+b$ と表せる。
この式に $x=2,\ y=4$ を代入して，
$4=-2\times2+b$　$b=8$　よって，$y=-2x+8$

(2) 傾きが-3 だから，$y=-3x+b$ と表せる。
この式に $x=3,\ y=-4$ を代入して，
$-4=-3\times3+b$　$b=5$　よって，$y=-3x+5$

(3) 傾きは $\dfrac{3-(-3)}{6-(-3)}=\dfrac{2}{3}$ だから，$y=\dfrac{2}{3}x+b$ と表せる。この式に $x=-3,\ y=-3$ を代入して，
$-3=\dfrac{2}{3}\times(-3)+b$　$b=-1$　よって，$y=\dfrac{2}{3}x-1$

> **ここに注意！**
> (2)平行な2直線の傾きは等しい。

3

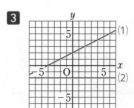

> **ここに注意！**
> (1)は y について解くと，
> $y=\dfrac{1}{2}x+2$
> (2)は $y=-2$ で，x 軸に平行な直線。

㉗ 関数 $y=ax^2$　　(本文63ページ)

1 イ．比例定数は -3

ウ．比例定数は $\dfrac{1}{2}$

> ここに注意！
>
> **ア**は比例の式，**エ**は１次関数の式，**オ**は反比例の式です。

2 (1)　y は x の２乗に比例するから，$y=ax^2$ と表せる。

　　$x=2$ のとき，$y=-20$ だから，

　　$-20=a\times 2^2$　$4a=-20$　$a=-5$

　　よって，$y=-5x^2$

(2)　(1)の式に $x=-3$ を代入すると，

　　$y=-5\times(-3)^2=-5\times 9=-45$

> ここに注意！
>
> $y=ax^2$ において，$x=p$ のときの y の値は，x に p を代入して，$y=a\times p^2$ で求められます。

㉘ 関数 $y=ax^2$ のグラフ　　(本文65ページ)

1 (1)

x	-2	-1	0	1	2
y	8	2	0	2	8

よって，グラフは右の図。

(2)

x	-4	-3	-2	0	2	3	4
y	-8	-4.5	-2	0	-2	-4.5	-8

よって，グラフは右の図。

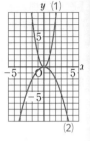

2 (1)　$y=ax^2$ のグラフは点$(3,\ 6)$を通るから，

　　$x=3$，$y=6$ を代入して，

　　$6=a\times 3^2$　$a=\dfrac{2}{3}$

(2)　$x=-4$ を $y=\dfrac{2}{3}x^2$ に代入して，

　　$y=\dfrac{2}{3}\times(-4)^2=\dfrac{32}{3}$

> ここに注意！
>
> グラフから関数の式を求めるときは，x 座標，y 座標とも整数になる点を見つけましょう。

㉙ 関数 $y=ax^2$ と変域　　(本文67ページ)

1 (1)　(2)

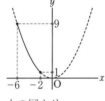

上の図より，　　　　上の図より，

y の変域は，　　　y の変域は，

$1\leqq y\leqq 9$　　　$0\leqq y\leqq 4$

2 (1)

x	1	3
y	-2	-18

(2)

x	-2	0	4
y	-8	0	-32

上の表より，　　　　上の表より，

y の変域は，　　　y の変域は，

$-18\leqq y\leqq -2$　　$-32\leqq y\leqq 0$

> ここに注意！
>
> y の変域を求めるとき，**1**のようにグラフをかくか，**2**のように対応表をかくとよくわかります。(1)の変域は０をふくまず，(2)の変域は０をふくむことに注意しましょう。

㉚ 関数 $y=ax^2$ の変化の割合　(本文69ページ)

1 (1)　x の増加量は，

　　$4-2=2$

　　y の増加量は，

　　$\dfrac{1}{2}\times 4^2-\dfrac{1}{2}\times 2^2=6$

　　よって，変化の割合は，

　　$\dfrac{6}{2}=3$

(2)　x の増加量は，

　　$8-0=8$

　　y の増加量は，

　　$\dfrac{1}{2}\times 8^2-\dfrac{1}{2}\times 0^2=32$

　　よって，変化の割合は，

　　$\dfrac{32}{8}=4$

2 (1)　x の増加量は，

　　$5-1=4$

　　y の増加量は，

　　$-5^2-(-1^2)=-24$

　　よって，変化の割合は，

　　$\dfrac{-24}{4}=-6$

(2)　x の増加量は，

　　$3-(-6)=9$

　　y の増加量は，

　　$-3^2-\{-(-6)^2\}=27$

　　よって，変化の割合は，

　　$\dfrac{27}{9}=3$

> ここに注意！
>
> x の値が増加するとき，
> ① y の値が増加するなら，変化の割合は正
> ② y の値が減少するなら，変化の割合は負

㉛ 放物線と直線　(本文71ページ)

1
(1) A$(-8,\ 16)$ より，$y=ax^2$ に $x=-8$，$y=16$ を代入して，

$16=64a$　$a=\dfrac{1}{4}$

(2) $y=\dfrac{1}{4}x^2$ に $x=4$ を代入すると，$y=4$

直線 ℓ は 2 点 A$(-8,\ 16)$，B$(4,\ 4)$ を通るから，

傾きは $\dfrac{4-16}{4-(-8)}=-1$

$y=-x+b$ に $x=4$，$y=4$ を代入して，

$4=-4+b$　$b=8$

よって，直線 ℓ の式は，$y=-x+8$

(3) 直線 ℓ と y 軸の交点を C とすると，(2)より，

OC$=8$

$\triangle$OAC$=\dfrac{1}{2}\times8\times8=32$

$\triangle$OBC$=\dfrac{1}{2}\times8\times4=16$

よって，

$\triangle$OAB$=\triangle$OAC$+\triangle$OBC$=32+16=48$

> **ここに注意！**
>
> 座標平面で三角形の面積を求めるときは，x 軸や y 軸に平行な直線で図形を分けると，求めやすくなります。

㉜ 関数 $y=ax^2$ の利用　(本文73ページ)

1
(1) x 秒後に，BP$=x$cm，
BQ$=2x$cm となる。

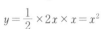

$\triangle$PBQ$=\dfrac{1}{2}\times$BQ$\times$BP だから，

$y=\dfrac{1}{2}\times2x\times x=x^2$

(2) BA$=10$cm より，$0\leqq$BP$\leqq10$ だから，$0\leqq x\leqq10$

BC$=20$cm より，$0\leqq$BQ$\leqq20$ だから，

$0\leqq2x\leqq20$　$0\leqq x\leqq10$

よって，x の変域は，$0\leqq x\leqq10$

(3) $y=x^2$（$0\leqq x\leqq10$）より，y の変域は，

$0\leqq y\leqq100$

(4) $y=49$ となる x の値を求める。

$y=x^2$ に $y=49$ を代入して，$x^2=49$　$x=\pm7$

$0\leqq x\leqq10$ より，$x=7$

よって，7 秒後

> **ここに注意！**
>
> (1)点 P は毎秒 1cm，点 Q は毎秒 2cm の速さで動くので，x 秒後に BP$=x$cm，BQ$=2x$cm となります。

㉝ いろいろな関数　(本文75ページ)

1
(1) 2km のとき，$710+90=800$（円）

$(3.1-2)\div0.3=3.6\cdots$ より，

$800+90\times3=800+270=1070$（円）

(2) $(1250-800)\div90=450\div90=5$

よって，走行距離は，

$(2+0.3\times5)$km 以上で$(2+0.3\times6)$km 未満である。

すなわち，3.5km 以上 3.8km 未満

2 小数点以下を切り捨てるから，

$0\leqq x<1$ のとき，$y=0$

$1\leqq x<2$ のとき，$y=1$

$2\leqq x<3$ のとき，$y=2$

$3\leqq x<4$ のとき，$y=3$

$x=4$ のとき，$y=4$

よって，グラフは右の図。

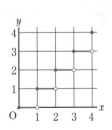

✍ 確認テスト④　関数 $y=ax^2$　(本文76ページ)

1
(1) $y=ax^2$ に $x=2$，$y=-8$
を代入して，

$-8=4a$　$a=-2$

よって，$y=-2x^2$

(2) $y=-2\times(-3)^2=-18$

(3)

x	-3	-2	-1	0	1	2	3
y	-18	-8	-2	0	-2	-8	-18

よって，グラフは右の図。

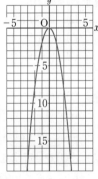

2
(1)

x	2	3
y	4	9

より，

y の変域は，$4\leqq y\leqq9$

(2)

x	-2	0	3
y	4	0	9

より，

y の変域は，$0\leqq y\leqq9$

3 x の増加量は，$5-1=4$

y の増加量は，$a\times5^2-a\times1^2=25a-a=24a$

よって，$\dfrac{24a}{4}=3$　$6a=3$　$a=\dfrac{1}{2}$

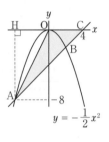 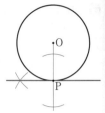 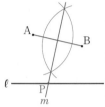 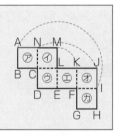

確認テスト ④　関数 $y = ax^2$　(本文77ページ)

4 (1)　$y = -\dfrac{1}{2}x^2$ に $x = -4$ を代入すると，$y = -8$

$x = 2$ を代入すると，$y = -2$

よって，A$(-4, -8)$，B$(2, -2)$

(2)　A$(-4, -8)$，B$(2, -2)$ より，

直線 AB の傾きは，$\dfrac{-2-(-8)}{2-(-4)} = \dfrac{6}{6} = 1$

$y = x + b$ に $x = 2$，$y = -2$ を代入して，

$-2 = 2 + b$　$b = -4$

よって，$y = x - 4$

(3)　$y = x - 4$ に $y = 0$ を代入して，$x = 4$

よって，C$(4, 0)$

右の図のように，点 A を通り，y 軸に平行な直線が，x 軸と交わる点を H とすると，

AH $= 8$

よって，$\triangle$ACO $= \dfrac{1}{2} \times$ OC $\times$ AH

$= \dfrac{1}{2} \times 4 \times 8 = 16$

㉞ 平面図形　1年　(本文79ページ)

1 円の接線は，接点を通る半径に垂直だから，点 P を通り，直線 PO に垂直な直線をひく。

2 2 点から等しい距離にある点は，2 点を結ぶ線分の垂直二等分線上にある。したがって，線分 AB の垂直二等分線 m をひき，m と ℓ との交点が P である。

3 (1)　ウ

(2)　イ，エ

4 (1)　弧の長さが $2\pi \times 4 \times \dfrac{45}{360} = \pi$ (cm) だから，

周の長さ $(\pi + 8)$cm

面積　$\pi \times 4^2 \times \dfrac{45}{360} = 2\pi$ (cm²)

(2)　周の長さ $(6\pi + 4\pi + 2\pi) \div 2 = 12\pi \div 2 = 6\pi$ (cm)

面積 $(\pi \times 3^2 - \pi \times 2^2 - \pi \times 1^2) \div 2$

$= (9\pi - 4\pi - \pi) \div 2 = 4\pi \div 2 = 2\pi$ (cm²)

㉟ 空間図形　1年　(本文81ページ)

1 (1)　辺 DH，CG，EH，FG

(2)　面 AEHD，CGHD

(3)　辺 AD，BC，FG，EH

(4)　面 ABCD，ABFE，EFGH，CGHD

2 (1)　面㋤

(2)　辺 I J

> **ここに注意！**
>
> (1)では面㋤を底面に決めると，展開図の組み立てがわかりやすくなり，面㋐と面㋤が平行であるとわかります。右の図の点線は，重なる頂点を表します。

3 (1)　三角柱　　(2)　円錐（えんすい）

㊱ 立体の表面積と体積　1年　(本文83ページ)

1 (1)　$\pi \times 3^2 \times 10 = 90\pi$ (cm³)

(2)　$\dfrac{1}{3} \times 4^2 \times 6 = 32$ (cm³)

(3)　$\dfrac{1}{3} \times \pi \times 2^2 \times 6 = 8\pi$ (cm³)

2 底面積は，$10^2 = 100$ (cm²)

側面積は，$6 \times 10 \times 4 = 240$ (cm²)

よって，表面積は，$100 \times 2 + 240 = 440$ (cm²)

3 側面のおうぎ形の中心角は，$360° \times \dfrac{6}{9} = 360° \times \dfrac{2}{3} = 240°$

（底面の半径）（母線の長さ）

側面積は，$\pi \times 9^2 \times \dfrac{2}{3} = 54\pi$ (cm²)

よって，表面積は，$\pi \times 6^2 + 54\pi = 36\pi + 54\pi = 90\pi$ (cm²)

（底面積）

4 球の体積は，$\dfrac{4}{3}\pi \times 6^3 = 288\pi$ (cm³)

表面積は，$4\pi \times 6^2 = 144\pi$ (cm²)

> **ここに注意！**
>
> 球の体積，表面積の公式の覚え方
>
> 体積 $\dfrac{4}{3}\pi r^3$ ←身の上に心配あるので参上
> 　　　3（分子）4 π　r　3乗
>
> 表面積 $4\pi r^2$ ←心配ある事情
> 　　　4 π　r　2乗

㊲ 平行と合同 (2年)　(本文85ページ)

1 (1)　$\angle x=180°-130°=50°$

(2)　右の図のように点Pを通って，直線 ℓ，m に平行な直線 n をひく。

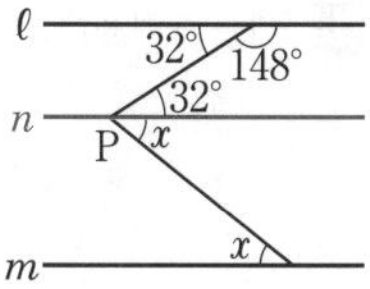

平行線では，錯角が等しいから，

$\angle x=70°-(180°-148°)=70°-32°=38°$

2 (1)　$\angle y=116°-90°=26°$

$\angle x=80°-\angle y=80°-26°=54°$

> **ここに注意！**
> 三角形の外角は，それととなり合わない2つの内角の和に等しくなります。

(2)　$\angle x=180°-75°=105°$

$\angle y=360°-(60°+80°+75°+70°)=360°-285°=75°$

> **ここに注意！**
> 多角形の外角の和は，つねに360°です。また，1つの頂点のまわりで，(内角)+(外角)=180°

3 (順に) DC

錯角

ODC

OCD

1組の辺とその両端の角

㊳ 三角形 (2年)　(本文87ページ)

1 (1)　$\angle x=(180°-82°)\div2=98°\div2=49°$

(2)　$\angle ABC=180°-115°=65°$

$\angle x=180°-65°\times2=50°$

2 (順に) 二等辺

60，60，30

30，75

105

3 (順に) PBO

BOP

斜辺，鋭角

PB

> **ここに注意！**
> 直角三角形の合同条件を使うには，必ず斜辺が等しいことを示しましょう。

㊴ 四角形 (2年)　(本文89ページ)

1 (1)　平行四辺形の対角は等しいから，$x=65$

平行四辺形のとなり合う角の和は180°だから，

$\angle BCD=180°-65°=115°$

よって，$y=115-62=53$

(2)　平行四辺形の対辺は等しいから，

AC＝AB＝DC＝6 cm

平行四辺形の対角線はそれぞれの中点で交わるから，

$x=6\div2=3$

平行線の錯角は等しいから，$\angle ACB=\angle CAD=40°$

△ABCは二等辺三角形だから，

$\angle ABC=\angle ACB=40°$

よって，$y=180-40=140$

2 (順に) ABCD，D

AF

AFD

DAF

1組の辺とその両端の角

AD

ABCD

> **ここに注意！**
> 直角三角形の合同の証明であっても，直角三角形の合同条件を使えないこともあります。

㊵ 相似な図形　(本文91ページ)

1 (1)　辺ABに対応する辺はEF

$\angle F=\angle B=55°$

(2)　対応する辺ABとEFの比が相似比だから，

AB：EF＝4：6＝2：3

(3)　BC：FG＝2：3

6：FG＝2：3

2FG＝18

FG＝9(cm)

また，AD：EH＝2：3

AD：4＝2：3

3AD＝8

$AD=\frac{8}{3}$(cm)

2 AB：DE＝BC：EF

AB：6＝15：12

AB：6＝5：4

4AB＝30

$AB=\frac{15}{2}$(cm)

また，AC：DF＝BC：EF

AC：9＝5：4

4AC＝45

$AC=\frac{45}{4}$(cm)

1 **ア**と**エ**…3組の辺の比はすべて 2：1 だから，相似条件は，3組の辺の比がすべて等しい。

イと**カ**…2組の辺の比が 3：5 で，その間の角が40°だから，相似条件は，2組の辺の比とその間の角がそれぞれ等しい。

ウと**オ**…どちらの三角形も，3つの内角は30°，70°，80°だから，相似条件は，2組の角がそれぞれ等しい。

2 (1) △ABC∽△DBE
∠BAC＝∠BDE＝90°，∠B は共通だから，相似条件は，2組の角がそれぞれ等しい。

(2) △ABE∽△DCE
AE：DE＝BE：CE＝1：2，∠AEB＝∠DEC（対頂角）だから，相似条件は，2組の辺の比とその間の角がそれぞれ等しい。

> **ここに注意！**
> 三角形の相似条件と合同条件を比較しながら，ちがいに注意して，きちんと覚えましょう。

1 (1) （証明）△ADE と△ABC において，
仮定より，∠ADE＝∠ABC ……①
∠A は共通 ……②
①，②より，2組の角がそれぞれ等しいから，
△ADE∽△ABC

(2) (1)より対応する辺の比は等しいから，
DE：BC＝AE：AC
DE：10＝(14−6)：12
DE：10＝2：3
3DE＝20
$DE=\dfrac{20}{3}$（cm）

> **ここに注意！**
> 相似な 2 つの三角形が重なっているときは，対応する辺が平行になるように抜き出して考えるとよいでしょう。

1 (1) DE∥BCより，
DE：BC＝AE：AC＝12：(12＋6)＝12：18＝2：3

(2) DB：AB＝EC：AC
DB：24＝6：18
DB：24＝1：3
3DB＝24
DB＝8（cm）

2 (1) 4：6＝x：9
2：3＝x：9
3x＝18
x＝6

(2) x：3.6＝(12−4)：4
x：3.6＝8：4
x：3.6＝2：1
x＝7.2

(3) 12：(x−12)＝10：20
12：(x−12)＝1：2
x−12＝24
x＝36

> **ここに注意！**
> 平行線に 2 本の直線が交わるとき，平行線によって切り取られる線分の比は等しい。

1 中点連結定理より，
$DF=\dfrac{1}{2}BC=\dfrac{1}{2}\times8=4$（cm）

$FE=\dfrac{1}{2}AB=\dfrac{1}{2}\times7=3.5$（cm）

$DE=\dfrac{1}{2}AC=\dfrac{1}{2}\times5=2.5$（cm）

よって，△DEF の周の長さは，
4＋3.5＋2.5＝10（cm）

2 （順に）中点連結，$\dfrac{1}{2}AB$

$\dfrac{1}{2}DC$

DC

RQ

> **ここに注意！**
> 中点が 2 つ以上あれば，中点連結定理が使えないか考えましょう。

㊺ 面積比と体積比　（本文101ページ）

1 (1) DE//BC より，△ADE∽△ABC

相似比は，AD：AB＝12：(12＋8)＝12：20＝3：5

よって，相似な図形の面積比は相似比の2乗に等しいから，

$3^2：5^2＝9：25$

(2) △ADE：△ABC＝9：25 より，

△ADE：(台形DBCE)＝9：(25−9)＝9：16

(3) △ABC の面積を S cm² とすると，

(1)より，36：S＝9：25

$9S＝36×25$

$S＝4×25＝100$(cm²)

2 (1) P と Q の表面積の比は相似比の2乗に等しいから，

立体Pの表面積を S cm² とすると，

$S：48＝3^2：2^2$

$S：48＝9：4$

$4S＝48×9$

$S＝12×9＝108$(cm²)

(2) P と Q の体積比は相似比の3乗に等しいから，

$3^3：2^3＝27：8$

よって，立体Qの体積を V cm³ とすると，

$54：V＝27：8$

$27V＝54×8$

$V＝2×8＝16$(cm³)

☞ 確認テスト ⑤　相似な図形 （本文102ページ）

1 四角形 ABCD と四角形 EBFG は相似であるから，

∠CDA＝∠FGE＝120°

また，相似比は，AB：EB＝(4＋8)：8＝12：8＝3：2

∠BEG＝360°−(60°＋100°＋120°)＝360°−280°＝80°

DC：GF＝3：2 より，6：GF＝3：2　GF＝4(cm)

2 (1) △ABC∽△DAC…相似条件は，2組の辺の比とその間の角がそれぞれ等しい

(2) △ABC∽△AED…相似条件は，2組の角がそれぞれ等しい

3 DE//BC より，△ADE∽△ABC

(1) AD＝DB のとき，中点連結定理より，

$DE＝\frac{1}{2}BC＝\frac{1}{2}×10＝5$(cm)

(2) AD：DB＝3：2 より，

DE：BC＝AD：AB＝3：(3＋2)＝3：5

DE：10＝3：5　5DE＝30　DE＝6(cm)

(3) AD：AB＝2：(2＋1)＝2：3 より，

△ADE：△ABC＝$2^2：3^2$＝4：9

よって，△ADE：(台形 DBCE)＝4：(9−4)＝4：5

台形 DBCE の面積を S cm² とすると，

32：S＝4：5

$4S＝32×5$

$S＝8×5＝40$(cm²)

☞ 確認テスト ⑤　相似な図形 （本文103ページ）

4 (1) 相似な立体の表面積の比は相似比の2乗に等しいから，P と Q の相似比は，

$\sqrt{9}：\sqrt{25}＝3：5$

(2) 相似な立体の体積比は相似比の3乗に等しいから，P と Q の体積比は，

$3^3：5^3＝27：125$

立体Qの体積を V cm³ とすると，

54：V＝27：125

$27V＝54×125$

$V＝2×125$

$V＝250$(cm³)

5 (証明) △ABC と△DAC において，

AD＝DB より，△ABD は二等辺三角形だから，

∠DAB＝∠ABD ……①

AD は∠A の二等分線だから，

∠DAB＝∠DAC ……②

①，②より，∠ABC＝∠DAC ……③

また，∠C は共通 ……④

よって，③，④より，2組の角がそれぞれ等しいから，

△ABC∽△DAC

㊻ 円周角の定理　（本文105ページ）

1 (1) ∠x＝105°×2

＝210°

(2) 110°×2＝220°

∠x＝360°−220°

＝140°

2 (1) ∠BAC＝∠BDC＝50°

だから，

∠x＝110°−50°

＝60°

(2) ∠ADCは半円の弧に対する円周角だから，90°

∠DAC＝∠DBC＝35°

だから，

∠x＝180°−90°−35°

＝55°

(3) ∠BOC＝2∠BAC

＝54°×2＝108°

△OBCは OB＝OC の二等辺三角形だから，

∠x＝(180°−108°)÷2

＝36°

(4) ∠BOC＝2∠BAC

＝30°×2＝60°

∠COD＝2∠CED

＝25°×2＝50°

∠x＝∠BOD

＝∠BOC＋∠COD

＝60°＋50°＝110°

> **ここに注意！**
>
> (2)半円の弧に対する円周角は 90° になります。
>
> (3)OB と OC は円 O の半径だから，△OBC は OB ＝OC の二等辺三角形になります。
>
> (4)補助線OCをひくと，∠BOD＝∠BOC＋∠COD

47 円周角と弧

(本文107ページ)

1 $\overset{\frown}{AB}=\overset{\frown}{AD}$ より，∠ACB＝∠ABD だから，
∠x＝52°

2 円の中心をOとすると，右の図の
ように，Oは2つの直径AEとBF
の交点である。
A〜Hは円周を8等分する点だか
ら，
∠AOB＝360°÷8＝45°
∠xは$\overset{\frown}{AB}$に対する円周角だから，
∠x＝$\dfrac{1}{2}$∠AOB＝45°×$\dfrac{1}{2}$＝22.5°
$\overset{\frown}{AB}$：$\overset{\frown}{AG}$＝1：2 だから，
∠y＝2∠x＝22.5°×2＝45°
$\overset{\frown}{AB}$：$\overset{\frown}{BG}$＝1：3 だから，
∠z＝3∠x＝22.5°×3＝67.5°

> ［ここに注意！］
> 弧の長さと，その弧に対する円周角の大きさは比
> 例します。

48 円周角の定理の逆

(本文109ページ)

1 (1) ∠D＝91°－36°
　　　＝55°
よって，∠A＝∠D
点A，Dは直線BCについ
て同じ側にあり，∠A＝
∠Dだから，4点は同じ
円周上にあるといえる。

(2) ∠C＝180°－20°－105°
　　　＝55°
点C，Dは直線ABについ
て同じ側にあるが，∠C
と∠Dは同じ大きさでな
いので，4点は同じ円
周上にあるとはいえな
い。

2 点C，Dは直線ABについて同じ側にあり，∠ADB＝
∠ACB だから，4点A，B，C，Dは同じ円周上にある。
よって，∠x＝∠ACD＝50°
∠y＝∠BAC＝60°

> ［ここに注意！］
> 右の図のように，4点A，B，C，
> Dが同じ円周上にあるとき，同
> じ弧に対する円周角はそれぞれ
> 等しくなります。
>

49 円周角の定理と証明

(本文111ページ)

1 (証明) △ADBと△ABPにおいて，
$\overset{\frown}{AB}=\overset{\frown}{AC}$ より，∠ADB＝∠ABP ……①
∠DAB＝∠BAP（共通）……②
①，②より，2組の角がそれぞれ等しいから，
△ADB∽△ABP

> ［ここに注意！］
> 「等しい弧に対する円周角は等しい」ことを使って，
> 2組の角がそれぞれ等しいことをいえばよいので
> す。

2 (順に) 円周角，EDA
直径
90
AED
角

> ［ここに注意！］
> 半円の弧に対する円周角は直角(90°)になります。

✎ 確認テスト ⑥ 円周角

(本文112ページ)

1 (1) ∠x＝140°÷2
　　　＝70°

(2) ∠x＝82°÷2
　　　＝41°

(3) ∠x＝100°×2
　　　＝200°

(4) ∠x＝180°－90°－40°
　　　＝50°

(5) ∠x＝180°－90°－44°
　　　＝46°

(6) ∠x＝20°×2＋28°×2
　　　＝96°

2 (1) $\overset{\frown}{AB}=\overset{\frown}{AD}$ だから，
∠ACB＝∠ABD
よって，∠x＝40°

(2) ∠AOB＝2∠ADB
　　　＝32°×2
　　　＝64°
$\overset{\frown}{AB}=\overset{\frown}{CD}$ だから，
∠AOB＝∠COD
よって，∠x＝64°

3 (1) $\angle A = 100° - 70°$
$= 30°$

点A，D は直線BC について同じ側にあるが，$\angle A$ と $\angle D$ は同じ大きさでないので，4点は同じ円周上にあるとはいえない。

(2) $\angle A = 180° - 70° - 70°$
$= 40°$

点A，D は直線BC について同じ側にあり，$\angle A = \angle D$ だから，4点は同じ円周上にあるといえる。

4 （証明）$\triangle ABC$ と $\triangle AEB$ において，
$AB = AD$ より，$\overset{\frown}{AB} = \overset{\frown}{AD}$ だから，
$\angle ACB = \angle ABE$ ……①
$\angle BAC = \angle EAB$（共通）……②
①，②より，2組の角がそれぞれ等しいから，
$\triangle ABC \backsim \triangle AEB$

---

1 (1) $6^2 + (\sqrt{13})^2 = x^2$
$x^2 = 36 + 13$
$x^2 = 49$
$x = \pm 7$
$x > 0$ だから，
$x = 7$

(2) $4^2 + x^2 = 8^2$
$x^2 = 64 - 16$
$x^2 = 48$
$x = \pm 4\sqrt{3}$
$x > 0$ だから，
$x = 4\sqrt{3}$

2 (1) $2^2 + 3^2 = 4 + 9 = 13$
$4^2 = 16$
$2^2 + 3^2 < 4^2$
だから，直角三角形でない。

(2) $(\sqrt{2})^2 + (\sqrt{5})^2$
$= 2 + 5 = 7$
$(\sqrt{7})^2 = 7$
$(\sqrt{2})^2 + (\sqrt{5})^2 = (\sqrt{7})^2$
だから，直角三角形である。

(3) $(2\sqrt{3})^2 = 12$,
$(2\sqrt{7})^2 = 28$,
$(3\sqrt{2})^2 = 18$ だから，
最も長い辺は $2\sqrt{7}$ cm
$(2\sqrt{3})^2 + (3\sqrt{2})^2$
$= 12 + 18 = 30$
$(2\sqrt{3})^2 + (3\sqrt{2})^2 > (2\sqrt{7})^2$
だから，直角三角形でない。

(4) $12^2 + 5^2 = 144 + 25$
$= 169$
$13^2 = 169$
$12^2 + 5^2 = 13^2$
だから，直角三角形である。

> ここに注意！
> 三平方の定理が成り立つかどうかを調べます。

---

1 $\triangle ABC$ は，$45°$ の内角を2つもつ直角三角形だから，3辺の比は，
$AB : BC : AC = 1 : 1 : \sqrt{2}$
$\triangle ACD$ は，$30°$，$60°$ の内角をもつ直角三角形だから，3辺の比は，
$AC : CD : AD = \sqrt{3} : 1 : 2$

(1) $AB : AC = 1 : \sqrt{2}$ だから，
$AB = \dfrac{AC}{\sqrt{2}} = \dfrac{10}{\sqrt{2}} = 5\sqrt{2}$ (cm)

(2) $AC : CD = \sqrt{3} : 1$ だから，
$CD = \dfrac{AC}{\sqrt{3}} = \dfrac{10}{\sqrt{3}} = \dfrac{10\sqrt{3}}{3}$ (cm)

(3) $AD : CD = 2 : 1$ だから，
$AD = 2CD = 2 \times \dfrac{10\sqrt{3}}{3} = \dfrac{20\sqrt{3}}{3}$ (cm)

2 (1) $\sqrt{(6-4)^2 + \{4-(-1)\}^2}$
$= \sqrt{2^2 + 5^2}$
$= \sqrt{4 + 25}$
$= \sqrt{29}$

(2) $\sqrt{\{5-(-2)\}^2 + \{3-(-3)\}^2}$
$= \sqrt{7^2 + 6^2}$
$= \sqrt{49 + 36}$
$= \sqrt{85}$

---

1 $\triangle ABC$ で，$\angle B = 90°$ だから，
$AC = \sqrt{AB^2 + BC^2}$
$= \sqrt{7^2 + 7^2} = \sqrt{7^2 \times 2} = 7\sqrt{2}$ (cm)

> ここに注意！
> 1辺が a の正方形の対角線の長さは，
> $(\sqrt{a^2 + a^2} =) \sqrt{2}\, a$ で求めることができます。

2 点Hは辺BCの中点だから，$BH = 4$cm
$\triangle ABH$ で，$\angle AHB = 90°$ だから，
$AH = \sqrt{AB^2 - BH^2}$
$= \sqrt{8^2 - 4^2} = \sqrt{64 - 16} = \sqrt{48} = 4\sqrt{3}$ (cm)
$\triangle ABC = \dfrac{1}{2} \times BC \times AH$
$= \dfrac{1}{2} \times 8 \times 4\sqrt{3} = 16\sqrt{3}$ (cm²)

3 点Hは辺BCの中点だから，$BH = 5$cm
$\triangle ABH$ で，$\angle AHB = 90°$ だから，
$AH = \sqrt{AB^2 - BH^2}$
$= \sqrt{6^2 - 5^2} = \sqrt{36 - 25} = \sqrt{11}$ (cm)
$\triangle ABC = \dfrac{1}{2} \times BC \times AH$
$= \dfrac{1}{2} \times 10 \times \sqrt{11} = 5\sqrt{11}$ (cm²)

53 平面図形への利用 ③　(本文121ページ)

1 HはABの中点だから，

$AH = \dfrac{1}{2}AB$

　　$= \dfrac{1}{2} \times 12 = 6$(cm)

△OAHで，∠OHA＝90° だから，

$OH = \sqrt{OA^2 - AH^2}$

　　$= \sqrt{8^2 - 6^2}$

　　$= \sqrt{64 - 36}$

　　$= \sqrt{28}$

　　$= 2\sqrt{7}$ (cm)

> **ここに注意！**
> △OAH≡△OBH となるから，H は AB の中点です。

2 △OAPで，∠OAP＝90° だから，

$OP = \sqrt{OA^2 + PA^2}$

　　$= \sqrt{4^2 + 7^2}$

　　$= \sqrt{16 + 49}$

　　$= \sqrt{65}$(cm)

54 空間図形への利用 ①　(本文123ページ)

1 $\sqrt{5^2 + 5^2 + 5^2}$

　$= \sqrt{5^2 \times 3} = 5\sqrt{3}$ (cm)

> **ここに注意！**
> 1 辺が a の立方体の対角線の長さは，
> $(\sqrt{a^2 + a^2 + a^2} =) \sqrt{3}\,a$ で求めることができます。

2 (1)　$AC = \sqrt{2}\,AB = \sqrt{2} \times 8 = 8\sqrt{2}$ (cm) だから，

$AH = \dfrac{1}{2}AC$

　　$= \dfrac{1}{2} \times 8\sqrt{2} = 4\sqrt{2}$ (cm)

△OAHで，∠OHA＝90° だから，

$OH = \sqrt{OA^2 - AH^2}$

　　$= \sqrt{9^2 - (4\sqrt{2})^2}$

　　$= \sqrt{81 - 32}$

　　$= \sqrt{49} = 7$(cm)

(2)　$\dfrac{1}{3} \times 8^2 \times 7 = \dfrac{448}{3}$ (cm³)

> **ここに注意！**
> (角錐の体積)＝$\dfrac{1}{3} \times$ (底面積)×(高さ)

55 空間図形への利用 ②　(本文125ページ)

1 (1)　△POAで，∠POA＝90° だから，

$PO = \sqrt{PA^2 - AO^2}$

　　$= \sqrt{10^2 - 6^2}$

　　$= \sqrt{100 - 36}$

　　$= \sqrt{64} = 8$(cm)

(2)　$\dfrac{1}{3} \times \pi \times 6^2 \times 8 = 96\pi$(cm³)

(3)　底面積は，

$\pi \times 6^2 = 36\pi$(cm²)

側面積は，

$\pi \times 10^2 \times \dfrac{6}{10} = \pi \times 100 \times \dfrac{3}{5} = 60\pi$(cm²)

よって，表面積は，

$36\pi + 60\pi = 96\pi$(cm²)

> **ここに注意！**
> (円錐の体積)＝$\dfrac{1}{3} \times$ (底面の円の面積)×(高さ)
> (円錐の表面積)＝(底面積)＋(側面積)

確認テスト ⑦　三平方の定理 (本文126ページ)

1 (1)　$x = \sqrt{9^2 - 6^2}$

　　$= \sqrt{81 - 36}$

　　$= \sqrt{45}$

　　$= 3\sqrt{5}$

(2)　$x = \sqrt{8^2 - (2\sqrt{5})^2}$

　　$= \sqrt{64 - 20}$

　　$= \sqrt{44}$

　　$= 2\sqrt{11}$

2 (1)　$AB = \sqrt{\{3-(-1)\}^2 + (4-2)^2} = \sqrt{4^2 + 2^2} = \sqrt{16 + 4}$

　　$= \sqrt{20} = 2\sqrt{5}$

(2)　$CD = \sqrt{\{5-(-4)\}^2 + \{2-(-3)\}^2} = \sqrt{9^2 + 5^2}$

　　$= \sqrt{81 + 25} = \sqrt{106}$

3 $BH = \dfrac{1}{2}BC = \dfrac{1}{2} \times 10 = 5$(cm) だから，

$AH = \sqrt{AB^2 - BH^2}$

　　$= \sqrt{8^2 - 5^2} = \sqrt{64 - 25} = \sqrt{39}$(cm)

△ABC $= \dfrac{1}{2} \times BC \times AH$

　　$= \dfrac{1}{2} \times 10 \times \sqrt{39} = 5\sqrt{39}$(cm²)

4 $AH = \sqrt{OA^2 - OH^2}$

　　$= \sqrt{7^2 - 4^2} = \sqrt{49 - 16} = \sqrt{33}$(cm)

$AB = 2AH$

　　$= 2 \times \sqrt{33} = 2\sqrt{33}$(cm)

確認テスト ⑦ 三平方の定理 (本文127ページ)

5 $\sqrt{4^2+6^2+7^2}$
$=\sqrt{16+36+49}$
$=\sqrt{101}$ (cm)

6 (1) $PO=\sqrt{PA^2-AO^2}$
$=\sqrt{12^2-6^2}$
$=\sqrt{144-36}$
$=\sqrt{108}$
$=6\sqrt{3}$ (cm)

(2) $\frac{1}{3}\times\pi\times6^2\times6\sqrt{3}$
$=72\sqrt{3}\pi$ (cm³)

56 データの整理 [1・2年] (本文129ページ)

1 (1) ヒストグラムより,
2+4+7+9+8+6+3+1=40(人)

(2) 度数が最も大きい階級は「4時間以上5時間未満」の階級で, その人数は9人。
よって, この階級の相対度数は,
$\frac{9}{40}=0.2\overset{3}{2}5 \rightarrow 0.23$

2 (1) このクラスの生徒の人数は,
2+2+8+6+4+2+1=25(人)
クラス全員の得点の合計は,
4×2+5×2+6×8+7×6+8×4+9×2+10×1
=168(点)
よって, 平均値は 168÷25=6.72(点)

(2) 合計25人いるから, 得点を小さい順に並べたとき, 13番目の得点が中央値になる。
よって, 中央値は7点

(3) 表より, 人数が最も多いのは8人だから, 最頻値は6点

> **ここに注意!**
> (2)得点を小さい順に並べると,
> 4, 4, 5, 5, 6, 6, 6, 6, 6, 6, 6, 6, 7, 7, 7, 7, 7, 7, 8, 8, 8, 8, 9, 9, 10 13番目

57 確 率 [2年] (本文131ページ)

1 目の出方は全部で, 6×6=36(通り)

(1) 同じ目の出方は, (1, 1), (2, 2), (3, 3), (4, 4), (5, 5), (6, 6)の6通り。
よって, 求める確率は, $\frac{6}{36}=\frac{1}{6}$

(2) 出る目の和が10になるのは, (4, 6), (5, 5), (6, 4)の3通り。
よって, 求める確率は, $\frac{3}{36}=\frac{1}{12}$

(3) (ちがった目が出る確率)=1−(同じ目が出る確率)だから, (1)より,
$1-\frac{1}{6}=\frac{5}{6}$

2 右の樹形図より, 2けたの整数は全部で,
4×3=12(通り)

(1) 奇数になるのは, 13, 21, 23, 31, 41, 43の6通り。
よって, 求める確率は, $\frac{6}{12}=\frac{1}{2}$

(2) 4の倍数になるのは, 12, 24, 32の3通り。
よって, 求める確率は, $\frac{3}{12}=\frac{1}{4}$

$1\begin{cases}2\\3\\4\end{cases}$
$2\begin{cases}1\\3\\4\end{cases}$
$3\begin{cases}1\\2\\4\end{cases}$
$4\begin{cases}1\\2\\3\end{cases}$

58 標本調査 (本文133ページ)

1 (1) 標本調査
(理由) 全部検査すると, 商品として売る製品がなくなるから。

(2) 全数調査
(理由) 全国民の人口, 年齢などを調べるため。

(3) 全数調査
(理由) 生徒ひとりひとりを診断しないと意味がないから。

(4) 標本調査
(理由) 全数調査をすると, 多くの費用や時間がかかるから。

2 10000:(不良品の数)=250:2
(不良品の数)=$10000\times\frac{2}{250}$=80(個)

(答) およそ80個

> **ここに注意!**
> 母集団での比率と標本での比率が等しいと考えます。

1 (1)　データを小さい順に並べかえると，19，20，24，25，
　　25，26，27，28，29，29，30，30，31，33，34，35
　　中央値は，小さいほうから8番目と9番目の値の平
　　均値だから，(28＋29)÷2＝28.5(m)
　　第1四分位数は，小さいほうから4番目と5番目の
　　値の平均値だから，(25＋25)÷2＝25(m)
　　第3四分位数は，小さいほうから12番目と13番目の
　　値の平均値だから，(30＋31)÷2＝30.5(m)

(2)　(四分位範囲)＝(第3四分位数)−(第1四分位数)
　　だから，(1)より，30.5−25＝5.5(m)

(3)　(1)より，最大値は35，最小値は19
　　よって，35−19＝16(m)

(4)

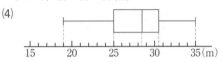

2　赤球を赤$_1$，赤$_2$，赤$_3$，白球を白$_1$，白$_2$，青球を青とする
　と，全部の球の取り出し方は，
　{赤$_1$，赤$_2$}，{赤$_1$，赤$_3$}，{赤$_1$，白$_1$}，{赤$_1$，白$_2$}，
　{赤$_1$，青}，{赤$_2$，赤$_3$}，{赤$_2$，白$_1$}，{赤$_2$，白$_2$}，
　{赤$_2$，青}，{赤$_3$，白$_1$}，{赤$_3$，白$_2$}，{赤$_3$，青}，
　{白$_1$，白$_2$}，{白$_1$，青}，{白$_2$，青}の15通り。
　このうち，同じ色であるのは4通りだから，求める確率は，$\dfrac{4}{15}$

3 (1)　ア　全校生徒が運動部と文化部に半分ずつ入って
　　　　いるとは限らないので，正しくない。
　　ウ　女子の傾向を知ることができない。
　　エ　1年生，2年生の傾向を知ることができない。
　　よって，イ

(2)　夏休みに旅行に行った生徒をx人とすると，
　　34：40＝x：360
　　x＝306
　　よって，およそ306人